U0192920

数字化地震地球物理观测仪器使用维修手册：
形变观测仪器 》》》

李正媛　熊道慧　刘高川　主编

地震出版社

图书在版编目（CIP）数据

数字化地震地球物理观测仪器使用维修手册．形变观
测仪器 / 李正媛，熊道慧，刘高川主编 ． — 北京：地震出版社，
2021.9
ISBN 978-7-5028-5093-7

Ⅰ．①数… Ⅱ．①李… ②熊… ③刘… Ⅲ．①地球物
理观测仪器 – 手册 Ⅳ．① TH762-62

中国版本图书馆 CIP 数据核字（2019）第 216529 号

地震版 XM4575/TH（6151）

数字化地震地球物理观测仪器使用维修手册：
形变观测仪器

李正媛　熊道慧　刘高川　主编

责任编辑：李肖寅

责任校对：凌　樱

出版发行：**地震出版社**

北京市海淀区民族大学南路 9 号　　　　邮编：100081
销售中心：68423031　68467991　　传真：68467991
总编办：68462709　68423029
http://seismologicalpress.com
经销：全国各地新华书店
印刷：北京广达印刷有限公司

版（印）次：2021 年 9 月第一版　2021 年 9 月第一次印刷
开本：710×1000　1/16
字数：345 千字
印张：19.25
书号：ISBN 978-7-5028-5093-7
定价：75.00 元

数字化地震地球物理观测仪器使用维修手册：
形变观测仪器

顾　问：赵家骝　宋彦云　余书明　车　时　马宏生　陈华静
　　　　滕云田
主　编：李正媛　熊道慧　刘高川
副主编：张文来　杨　星　李建飞　卢　永

前 言

《数字化地震地球物理观测仪器使用维修手册》（以下简称《手册》）针对我国地震地球物理台网中正在使用的数字化观测仪器，分为地壳形变、电磁、地下流体三个学科独立成册，分别介绍各学科所选定的各类观测量的观测方法和相应的观测技术。本着夯实基础、强化技能、规范操作的宗旨，《手册》侧重于介绍台网所使用的主流观测仪器的原理、结构、功能、技术指标等基础知识，以及仪器安装、调试、操作使用与维修维护等相关内容。

《手册》注重实践，突出操作技能传承，与相关教材互为补充。《手册》的特点之一——紧扣操作技能引导，编入了三大学科各类观测仪器的电路原理及图件内容，为仪器的使用者和相关技术人员提高自身驾驭仪器的能力提供了条件，这也是与以往编写的同类教材的重要区别之一；《手册》的特点之二——编入了仪器故障甄别方法和典型维修实例，使仪器使用者在遇到故障需要维修时，不致因为没有相关参考资料而束手无策，为基层台站观测能够顺利进行提供基础性保障。《手册》以读者具备初步电子技术知识为基础，衔接相关规范与标准，兼顾地震行业相关教材资料，可作为仪器使用者岗位操作时的基本工具资料，也可以作为相关技术人员扩展新知识的导引，通过学习逐渐提高自身能力水平。总之，《手册》的编写将为基层台站人员，从掌握日常维护技术到安装调试水平的提高，从掌握一般故障处理方法到板级维修、芯片级维修方向的发展，搭建一个阶梯。

《手册》的编写不仅为适应新时期全国地震监测台站改革与能力建设的新要求，满足全国地球物理台网大规模观测仪器连续、可靠运行的需求，也将在涉及地震监测预报的各类科研项目建设中，在推进仪器更新、促进仪器自主研发以及今后台网运维保障购买第三方服务模式的探索中，起到桥梁作用。

《手册》的编写，是在多期仪器使用与维修培训，特别是在中国地震台网中心牵头实施"地震前兆台网片区仪器维修保障中心建设"项目（2015—2017年，中国地震局重点专项），构建八个片区维修保障中心实践与培训的基础上，由中国地震台网中心地球物理台网部负责，组织地震系统长期从事地震监测、技术研发、业务管理等各方面专家，充分融合他们在理论、技术与操作方面的丰富经验，共同完成的。

《手册》编写中，参与故障信息收集、整理工作的有东北（辽宁局）、华北（河北局）、华东（江苏局）、华南（湖北局）、西南（四川局）、西南（云南局）、西北（甘肃局）、新疆八个片区中心和中国地震台网中心的相关技术人员：石岩、王莉森、张晓刚、瞿旻、吴艳霞、杨贤和、颜晓晔、杨星、张光顺、牛延平、张文来、马世贵、刘春国、叶青、范晔等。《手册》形变分册编写中，形变仪器原理图件资料收集工作得到李宏、陈征、李海亮、卢海燕、冯海英、马鸿钧、高平、徐春阳、马武刚等专家的大力支持与帮助。第2章由李正媛、高平编写，第3章由马武刚、吕品姬编写，第4章由杨星、李建飞编写，第5章、第6章由张文来、马世贵编写，第7章由吕品姬、徐春阳编写，第8章由李海亮、李建飞编写，第9章由陈征、张文来编写。卢永研究员完成了各章电路原理图、仪器功能与参数设置等章节的编辑工作。赵家骝、宋彦云、余书明、车时、马宏生、陈华静、滕云田作为技术顾问，指导了《手册》的编写工作。李正媛、熊道慧、刘高川完成了《手册》组织构建，第1章内容的编写和其他相关章节内容的完善，并完成了最后的统稿工作。赵家骝、吕宠吾研究员对全书进行了审校。《手册》的编写工作得到了中国地震局监测预报司和中国地震台网中心相关领导的大力支持，并得到了相关单位及学科组的帮助，在此作者一并表示衷心的感谢！

《手册》除了可满足地震台站基层监测工作的需求外，也可作为关心地震事业发展、对地震观测技术感兴趣的人员，特别是大专院校相关专业师生与技术人员的参考材料。

由于《手册》涉及内容广泛，书中内容难免存在缺失、疏漏和不妥之处，恳请读者批评指正。

目 录

1 绪 论

    《数字化地震地球物理观测仪器使用维修手册——形变观测仪器》介绍了数字化地震地壳形变台网中的地倾斜观测仪器和地应变观测仪器。地倾斜观测、地应变观测在大地测量学、精密工程测量、地球固体潮汐、地球动力学、地震预报监测等领域和工程建设中广泛应用，是地震地壳形变的两类主要观测手段。实际观测中，两类观测仪器具有以下共性与特点。一是仪器的分辨力高、频带范围宽，能够观测到日、月引力作用下的地球固体潮汐响应，以及更高频率带上的微动态变形信息；二是观测环境要求相同或相似，一般都安装在地震台站山洞内或钻孔井下，具有同一站点综合观测优势；三是观测系统技术关联性较强，在维护操作与数据预处理方面，观测人员可较好兼顾、触类旁通。本着科学地指导观测操作的宗旨，本书针对目前地震地壳形变台网中广泛使用的数字化地倾斜观测、地应变观测仪器，从科学原理、结构设计、系统配置等方面，分别予以介绍。对个别形变仪器，较原有相关书籍未能收集到更新资料的，暂时未列入本手册之中。

1.1 地倾斜观测

    地倾斜观测是观测地平面与水平面之间的夹角（地平面法线与铅垂线间的夹角）及其随时间的变化。地倾斜观测仪器分为摆式倾斜仪和连通管倾斜仪。摆式倾斜仪原理是，在摆架上悬挂重锤，摆架置放于地面摆墩上，当地面发生倾斜变化时，重锤相对于摆架发生位移，由位移量换算出地平面与水平面之间的夹角即为地面的倾斜。根据仪器摆架与摆的结构形式，分为水平摆倾斜仪、垂直摆倾斜仪。连通管倾斜仪原理是：设置一定长度的基线，在基线两端各放置一个特定的盛装液体的钵体，用空心长管连通两个钵体时，钵体液面高差将随基线两端的升、降而发生变化，由高差量换算出基线地平面与水平面之间的夹角即为地倾斜。当仪器使用的液体为蒸馏水时，称为水管倾斜仪。

    在地震地壳形变台网中，使用的地倾斜观测仪器主要种类有：DSQ 型水管倾斜仪、VS 型垂直摆倾斜仪、VP 型宽频带倾斜仪、CZB 竖直摆钻孔倾斜仪、

SQ-70D 型数字化石英水平摆倾斜仪、SSQ-2 型石英水平摆倾斜仪等。

1.2　地应变观测

地应变是指在地面两点间距离伸缩变化，或面积变化、或体积膨胀与压缩的变化。前者物理量为线应变，后者为面应变、体应变。地震应变观测包括：洞体应变观测和钻孔应变观测。洞体应变观测是在洞体（水平坑道或平洞）内，设置一定长度的基线，通过观测基线两端的伸缩变化，换算出基线的地应变及其随时间的变化。钻孔应变观测是在钻孔内安置钻孔应变仪，观测位移分量或体积应变及其随时间的变化。洞体应变观测使用伸缩仪实现；钻孔应变使用体积式钻孔应变仪、分量式钻孔应变仪等进行观测。

目前，我国地震地应变观测使用的主要仪器有：SSY 型伸缩仪，YRY 型钻孔应变仪、RZB 型电容式钻孔应变仪、TJ 型体积式钻孔应变仪等。

1.3　形变观测台网

截至 2018 年，形变观测台网中，观测运行台站 276 个，观测仪器 606 套，测项分量 2327 个。形变观测台网分布见图 1.3.1 。全国形变台网统一按照中国地震局监测预报司的相关规定与要求：《地壳形变、电磁、地下流体台网运行管理办法（修订）》(中震测函〔2015〕148 号)、《区域地震前兆台网运行管理技术要求》(中震测函〔2014〕92 号)、"电磁、地下流体、地壳形变学科观测资料质量评比办法"(中震测函〔2015〕127 号) 等，开展规范运行工作。地震台站作为台网监测运维工作的基础，主要承担观测环境、观测场地及基础设施维护；观测系统运维与标校；观测数据的预处理和跟踪分析等工作。

地震形变观测台网主要服务于地震监测预报工作，仪器设备需长期连续稳定运行，各项运行指标要求不低于 95%，随着台网规模的不断扩大，台站运维工作压力不断增加，尽管如此，近年来通过地震监测工作者的不断努力，全国形变观测台网的仪器平均运行率保持在 98% 以上，实属来之不易。在实际工作中，由于全国台网分布广、仪器种类多、仪器要求长期连续运行等特点，台站现场应急维修处置故障仪器的情况成为了一种常态，而目前在台站技术力量相对单薄，备机备件储备尚还不能充分满足需求的情况下，对台网的维修技术保障能力也提出了巨大的考验。为加强相关仪器技能知识的储备，本书在相关章节中编写了经收集、整理的观测仪器电路原理图件和故障处置信息。为便于读者整体了解相关章节的

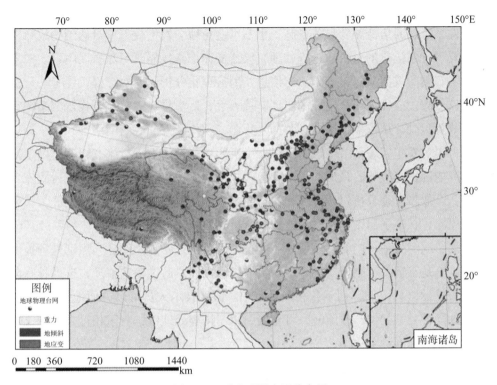

图 1.3.1　形变观测台网分布图

内容，在此给予简要介绍。

1.3.1　观测仪器故障实例信息

　　编入系统梳理的形变仪器故障实例信息是本手册的一个特色。编写组从两方面入手开展收集、整理工作。一是依托"地震前兆台网片区仪器维修保障中心建设"项目建成的华北（河北）、东北（辽宁）、东南（江苏）、新疆等 8 个地震地球物理台网片区维修保障中心，在全国开展"2012—2014 年全国地震前兆台网观测仪器故障调查"工作，收集故障信息内容、参数与典型故障实例。经整理，确认了 1098 套（次）仪器故障有效信息。二是在仪器研发生产单位、行业内外相关专家的帮助下，扩大收集范围，针对各类型仪器进行收集。在此基础上，进行分类整理，梳理总结出仪器一般故障甄别与常用维修方法及维修典型实例。

　　综合分析形变观测仪器故障情况，得到以下方面的认识与信息。一是系统化认识仪器故障。数字化地震形变台网中，观测系统包括了仪器、设施、软硬件、通信网络等，当任意环节出现故障时，都表现出观测系统的故障；除传统意义的仪器传感器单元故障，供电单元、数据采集与控制单元、标定系统及机械系统、软硬件系统、通信链路等设备设施，也不可避免地会发生故障，对遇到的故障现象需要进行系统化的分析、排查处理，仪器操作维修技能要不断扩展内容。二是编写了归纳的仪器故障排查方法与信息，为流程化分析仪器故障提供参考。分析判定仪器故障，应从系统构成的物理链接入手，逐步排查。首先查找观测系统环节的故障出处，从仪器传感器、数据采集器、软件硬件、通信网络等，逐一分析排查；再对发生故障环节的设备或仪器主机的功能模块板进行排查，逐步确定发生故障的部位与类型；最后，集中到引起故障模块板上的芯片元件，进行故障甄别确认。故障排查分析过程环环相扣，需要较高的流程化思维和专业技能。基于上述思路，在本手册中列出了仪器故障分析方法表，包括故障现象、故障甄别分析方法、故障处理等内容，方便参照进行故障分析及修复操作，为甄别处理提供借鉴。三是整理故障维修实例，示范引导维修操作。通过筛选整理，选择具有典型代表性的维修范例，列于各相关章节中。监测技术人员可以方便地查阅范例，当遇到同种类型的仪器故障时，可直接引用于排查处理中；对于相近类型的仪器故障，亦可起到参考作用。

1.3.2　观测仪器电路原理图件

编入系统梳理的形变仪器电路原理图件是本手册的另一特色。长期以来，受到多种因素的制约，仪器电路原理图件鲜少交予台站观测人员使用，当仪器出现故障时，不能从技术上进行原理分析，只能靠个人技能与经验判断修复，给维修工作带来很大的困难与不便。

本书从观测仪器电路板易损性和专业性角度考虑，筛选编入了仪器专家提供的仪器电路原理图件，重点介绍传感器部分电路原理；选择性介绍了标定、调零、数据采集器等部分内容；对于通用性、市场化程度较高的内容，如开关电源、主控板等，用户可以直接购买或可以方便地获得相关知识，则予以省略。希望通过以上内容的介绍，为用户提供更好的技术指导，方便大家在仪器使用维修中做到有的放矢，使仪器操作与修复故障的难题迎刃而解，促进我国地震台网监测工作不断创新发展。特别说明的是，这些仪器图件资料是仪器研制者的知识产权成果，在征得同意授权下完成编写工作，仅用于仪器使用操作与维护维修工作。

2 DSQ 型水管倾斜仪

2.1 仪器简介

水管倾斜仪是自动测量地壳倾斜变化的一种精密仪器，用于观测地壳表面的缓慢倾斜变化和倾斜固体潮汐信息，也用于地球动力学、精密工程等相关领域。DSQ 型水管仪采用差动变压器式位移传感器，结合现代微电子技术设计而成，具有结构简单、性能稳定、功能完善、使用范围广等特点。

2.2 主要技术参数

（1）分辨力：≤ 0.0002″
（2）量　程：≥ 2″
（3）线性度误差：≤ 1%
（4）标定重复性：重复性误差 < 1%
（5）漂移量：总日漂移量 < 0.005″

2.3 测量原理

水管倾斜仪根据连通管两端液面保持水平的原理设计。当两端钵体放置墩面出现相对垂直位移时，液面相对于仪器钵体位置发生变化，固定在浮子上的差动变压器的铁芯，相对固定在盖板上的线圈作垂直移动，位移传感器拾获这个相对移动量后输出模拟电信号，通过数据采集仪或模拟记录系统记录输出信号。这样，通过数据采集器，获得东、西、南、北四端钵体的液面变化和"东—西""北—南"两分量的高差变化 Δh，通过计算得到相应的地倾斜角 $\Delta \Psi$。

如图 2.3.1，Ⅰ 端变化前、后高度分别为 H_1、H_{10}；Ⅱ 端变化前、后高度分别为 H_2、H_{20}。设 ρ 为液体密度，A_1、A_2 分别为两端钵体的横截面积，Δh 为两端相对高差变化量，h_1、h_2 分别为两端钵体内液面的变化量。根据液体的不可压缩性得：

$$\rho h_1 A_1 = \rho h_2 A_2 \qquad \Delta h = h_1 + h_2$$

从而得 $$h_1 = \frac{A_2}{A_1 + A_2} \Delta h \qquad h_2 = \frac{A_1}{A_1 + A_2} \Delta h \qquad (2.3.1)$$

$$\Delta \Psi = \frac{\Delta h}{L} \rho'' \qquad (2.3.2)$$

（式中，L 为仪器基线两端点的跨距，ρ'' 为角秒转换常数）。

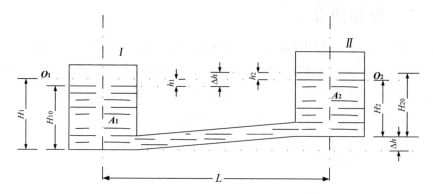

图 2.3.1　水管倾斜仪（DSQ 型）基本工作原理示意图

2.4　仪器结构

DSQ 型水管仪主要由机械装置系统、差动变压器位移传感器、主机和数据采集器等部分构成，如图 2.4.1 所示。

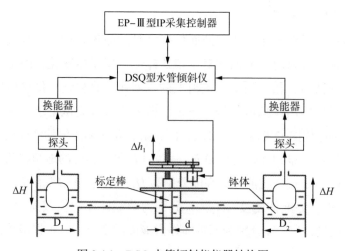

图 2.4.1　DSQ 水管倾斜仪仪器结构图

2.4.1　机械装置系统

仪器机械装置系统由主体、标定装置、管路三部分组成，见图 2.4.2、图 2.4.3。在观测室内，将两个主体分别安放于主墩上，用玻璃管、硅胶管连通两端主体，在主体内注入蒸馏水为介质，两端主体的液面便处于同一水平面上。在两端主墩中央安置校准装置。水管仪通常布设为两个互为正交（90°）的分量 EW 向、NS 向。部分有条件的观测洞室，可布设三个分量 EW、NS 和 NE 方向观测。

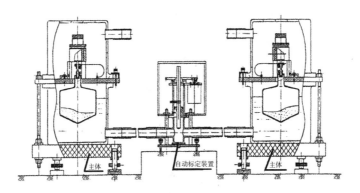

图 2.4.2　DSQ 型水管倾斜仪机械装置系统示意图

图 2.4.3　DSQ 型水管仪机械装置系统实物图

（1）主体结构。

用三根在圆周上均匀分布的不锈钢支柱将上盖板和底座稳固地连成一体，中间放置内壁经磨砂抛光的玻璃钵体，上盖板面上装有调整、固定位移传感器的线圈件的垂直向微调装置，还装有浮子的导向装置。

导向装置由三条具有圆弧的平薄簧片、簧片夹头、簧片固定块组成，使放置在钵体水中漂浮的浮子在中心定向垂直位移。三条簧片相互夹角均成120°，其平面端集中在中心，用簧片夹头夹紧，其近圆弧处的另一端用簧片固定块固定在上盖板面上，浮子顶端固定竖直装上的差动变压器铁芯棒，通过簧片夹头与其连接夹紧，检测浮子发生的垂直位移。浮子的垂直位移精度很大程度上依赖簧片导向装置精确且几乎无摩擦的导向作用。如图2.4.4所示。

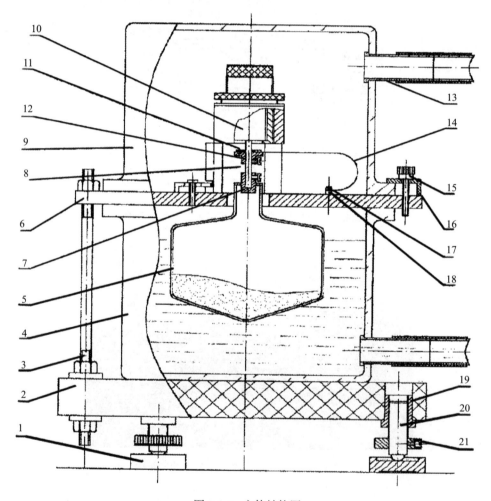

图2.4.4　主体结构图

1.垫块；2.底盘；3.螺杆；4.水槽；5.浮子；6.盖板；7.联接套；8.铁芯轴；9.罩子；
10.线圈件；11.压圈；12.嘴子；13.固定座；14.导向簧片；15.螺钉；16.压块；
17.簧片压板；18.簧片座；19.脚螺母；20.脚螺丝

（2）标定装置。

标定装置主要由内部充满水的标定筒和通过螺旋机构可以上下运动的标定棒组成。为进行自动标定，还装有一对传动齿轮和步进电机。步进电机由电缆线连接到 DSQ 型水管倾斜仪上实现自动标定。

图 2.4.5 是仪器标定原理示意图。采用标定棒增减其在液体中的体积、人为改变液面变化来进行静态标定是该仪器的标定方法，通过标定是为了求得液面改变单位高度时电信号的变化量 ΔU。

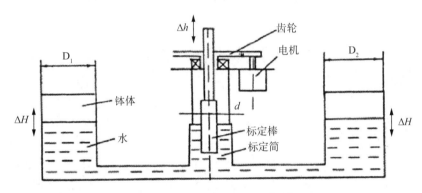

图 2.4.5　仪器校准原理示意图

根据水的不可压缩特性，对一个分量两个钵体内液面高度的变化可由如下计算公式确定：

$$\Delta H_{水} = \frac{\Delta h_{标} \times d^2}{D_1^2 + D_2^2} \qquad （2.4.1）$$

式中，$\Delta h_{标}$ 为标定棒移动量，d 为标定棒直径，D_1、D_2 分别为两个钵体内径值。

$\Delta h_{标}$ 为预先给出，如 20mm，d、D_1、D_2 在仪器出厂时给出实测值。标定装置实物如图 2.4.6 所示。

步进电机的 1、3、5 脚为公共点。2、4、6 脚分别 3 组线圈输入。主机后面板的标定插座（4 芯航空插座），通过 4 芯电缆线与电机 4 个接点相连，电机上的共同点与主机后面板标定插座（4 芯航空插座）的 1 脚相连。其余各接点依次相连。如图 2.4.7 所示。

2.4.2　位移传感器

位移传感器实物如图 2.4.8 所示。前置盒前、后面板如图 2.4.9 所示。

图 2.4.6　标定装置实物图

图 2.4.7　步进电机实物接线图

图 2.4.8　水管仪位移传感器实物图

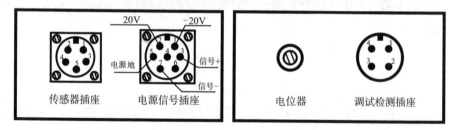

图 2.4.9　水管仪前置盒前（左）、后（右）面板

2.4.3　主机

主机主要由变压器、电源板、标定器、前面板、后面板组成。

（1）主机前面板。

如图 2.4.10 所示。

测量选择波段开关：指要选择哪一路测量信号，如：要测量 E 路信号，只需将波段开关指向 E。用电表读取各路信号时，只要将电表正、负极接在"测量"上"+""-"极上就可读取。

图 2.4.10　DSQ 主机前面板

（2）主机后面板。

DSQ 主机的后面板交流电源与 220V 交流电连接，直流电源与 ±24V 直流电连接，控制、信号输出与 EP-Ⅲ型 IP 采集控制器连接，东、西、南、北输入与安装在山洞内的位移传感器连接，步进电机插座与安装在山洞内的标定器步进电机连接。主机后面板如图 2.4.11 所示。

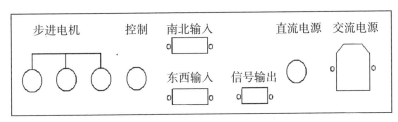

图 2.4.11　DSQ 主机后面板

（3）主机内部结构。

如图 2.4.12 所示。

电源板主要提供位移传感器 ±20V 电源和交直流自动转换。主机接入 220V、50Hz 的交流电源经变压器降至交流 20V，再由桥式电路进行全波整流，然后由三端稳压器组成的稳压电路得到 ±20V 的直流稳压电源。当交流供电停电时，通过交直流自动转换，外接的 ±24V 直流电源与主机接通，供 DSQ 型水管倾斜仪正常工作。

2.4.4　EP-Ⅲ型 IP 采集控制器

EP-Ⅲ型 IP 采集控制器针对地震前兆仪器的特点设计，集数据采集、控制和网络通信技术三个部分的功能于一体，与主机配套，成为传感、控制、数字化和网络化的有机整体。EP-Ⅲ型 IP 采集控制器不仅用于水管倾斜仪，还用于其他形变仪器。

（1）EP-Ⅲ型 IP 采集控制器主要技术参数。

①电源：直流：7～40V；交流：100～240V，自动切换。

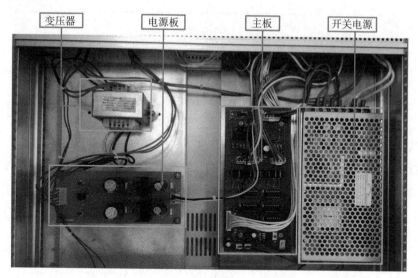

图 2.4.12   DSQ 主机内部结构

② 功耗：<1.5W

③ 采集通道：8 通道，单端或差分输入；AD 位数：4 位半（相当于 14 位）/ 5 位半（相当于 17 位）/24 位。

④ 采样率：1 分钟。

⑤ 控制通道：4 ~ 8 路开关量输出（继电器输出），3 路步进电机输出。

⑥ 支持协议：指令控制协议（符合《规程》），HTTP，SNTP，TCP，UDP，ARP，ICMP。

⑦ 通信速率：不低于 10Mbps。

⑧ 存储器空间：网页：128k；数据：512k ~ 16M；内存：128k，掉电保存存储器：32k ~ 96k。

⑨ 时钟：有，精度 1s/ 天，手动或 SNTP 自动对时。

⑩ RS232 串行口：有，2 个。

⑪ 看门狗自复位功能：有。

⑫ 防静电、雷击措施：有。

（2）前面板（图 2.4.13）。

① 电源指示灯：亮表示电源打开

② 采集指示灯：闪烁表示采集部分在工作（正常情况下此灯亮灭交替，间隔几秒钟。采集器每分钟采一组数据，当此灯快速闪烁持续一秒左右，表明马上要

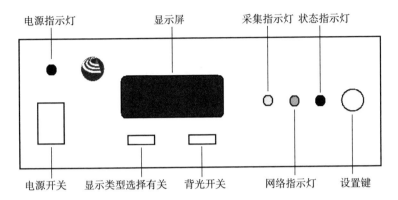

图 2.4.13　前面板示意图

对各通道进行数据采集, 采集完成后, 状态指示灯要闪一下, 同时 LCD 显示器的时间要更新一次)

③网络指示灯: 闪烁表示网络部分在工作

④ 状态指示灯: 闪烁表示采集部分正与网络部分通信; 常亮表示仪器处于设置状态 (仪器设置完毕后, 要对仪器进行复位, 使仪器回到正常工作模式)

⑤设置键: 用于使仪器进入设置或复位状态

a. 进入设置状态: 按住该键启动。

b. 进入复位状态: 长按该键达 2 秒以上, 松开后仪器复位。

⑥显示屏: 显示数据、时间及提示信息等, 分两行显示, 有下列三种情况:

a. 仪器启动, 显示 IP 地址, 例如:

EP-Ⅲ IP Controller

010. 003. 018. 205

约 2 秒后, 显示仪器类型, 例如:

EP-Ⅲ IP Controller

For DSQ(2)

其中 "DSQ (2)" 表示 DSQ 型水管倾斜仪 (2 分量)。若显示 "DSQ (3)" 则表示 3 分量 (多一个斜边)。

目前, 用于 SS-Y 型伸缩仪、DSQ 型水管倾斜仪和 VS 垂直摆倾斜仪等的 EP-Ⅲ 的 IP 采集控制器的外观相同, 通过开机显示的信息, 可以知道本机用于哪种仪器。

b. 平时工作状态, 显示数据和时间, 例如:

1 67.9 88.7

2005-09-08 10:40:00

第 1 行显示数据，第 1 组数字表示起始通道，如 67.9 表示第 1 通道数据，88.7 表示第 2 通道数据。当仪器通道大于 2 时，第 1 行数据将各个通道交替显示。数据可为采集量或物理量，由"显示类型选择开关"决定，当为采集量时，数据表示电压量，单位 mV；当为物理量时，数据含义与单位视不同仪器而不同，如表 2.4.1 所示。当尚无数据可用时，显示"NULL"。

表 2.4.1　仪器物理量单位

仪器	物理量单位
SS-Y 型伸缩仪	$\times 10^{-10}/℃$（洞温）
DSQ 型水管倾斜仪	$\times 10^{-3}''$
VS 垂直摆倾斜仪	$\times 10^{-3}''$

c.仪器复位，显示

EP-Ⅲ IP Controller

Reset……

背光开光：打开或关闭显示背光（工作时最好关闭背光，减少功耗）。

（3）后面板（图 2.4.14）。

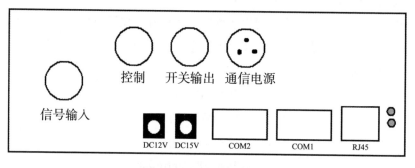

图 2.4.14　后面板示意图

2.5　电路原理及图件

水管倾斜仪电路部分主要包括传感器、电源、控制电路等。

2.5.1　传感器电路原理框图

位移传感器（LVDT）由探头和前置电路组成。

探头采用差动变压器线圈。其作用是将位移量转换成对应关系的电信号。

高灵敏度差动变压器是由可动铁芯、线圈组成。差动变压器实质上就是铁芯可动的变压器，结构原理如图 2.5.1 所示。

差动变压器由初级线圈和两组次级
线圈、插入线圈中心的棒状可动铁芯及
其连接杆、线圈骨架、外壳等组成。当
可动铁芯在线圈内移动时，改变了磁通
的空间分布，从而改变了初、次级线圈
之间的互感量。当初级线圈供一定频率
的交变电压时，初级线圈要产生感应电
动势，随着可动铁芯的位置不同，互感

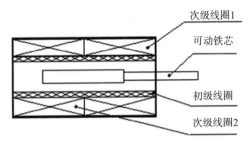

图 2.5.1　差动变压器结构原理图

量也不同，次级线圈产生的感应电动势也不同，这样经前置放大器把可动铁芯的
位移量变成电压信号输出。

初级线圈由稳幅振荡器提供高稳定度的正弦激励电压，次级两组线圈的差分
电压经交流放大以后进行同步检波、直流滤波后输出，传感器输出与位移有关的
信号，得到与位移呈线性关系的直流电压。

前置电路主要包括振荡电路、交流放大、同步检波、低通滤波、直流放大等
部分构成，原理框图如图 2.5.2 所示。

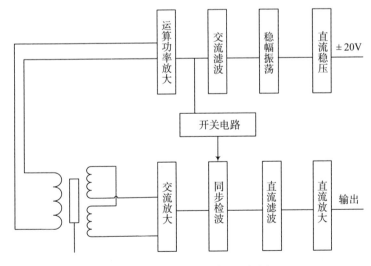

图 2.5.2　前置电路原理框图

稳幅振荡器提供高稳定性的正弦激励电压给探头线圈，输出与位移有关的信
号，经前置放大后，进行同步解调、低通滤波，得到与位移呈线性关系的直流电
压，各级原理图见图 2.5.3 ～图 2.5.11。

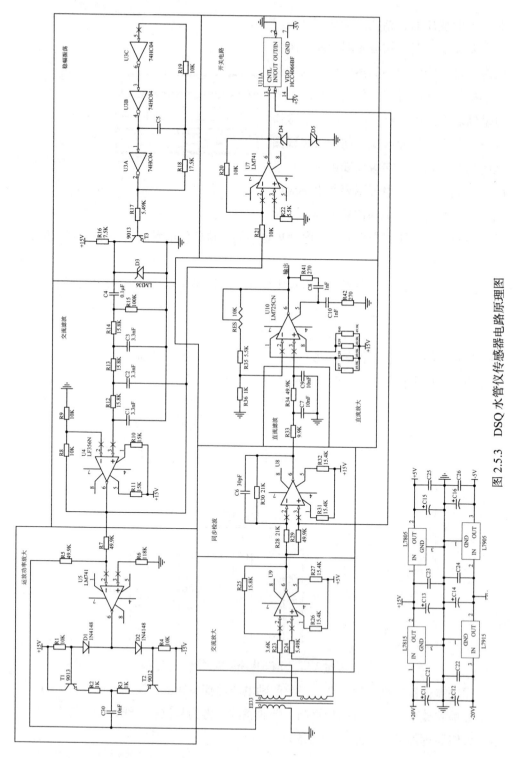

图 2.5.3　DSQ水管仪传感器电路原理图

（1）稳幅振荡电路。

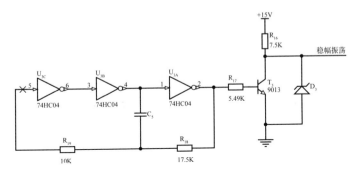

图 2.5.4 稳幅振荡电路图

（2）交流滤波电路。

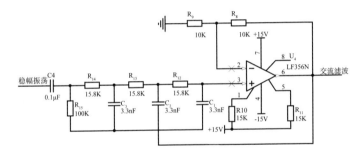

图 2.5.5 交流滤波电路图

（3）运算功率放大电路。

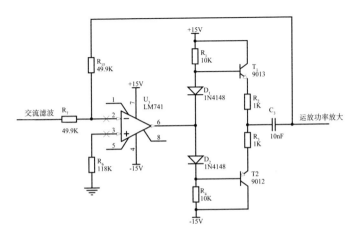

图 2.5.6 运算功率放大电路图

（4）交流放大电路。

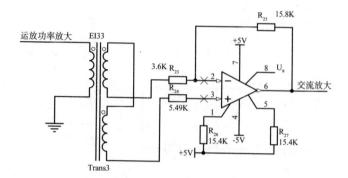

图 2.5.7　交流放大电路图

（5）开关电路。

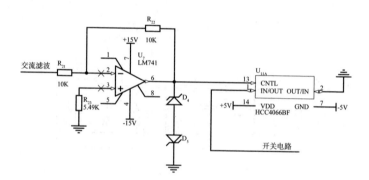

图 2.5.8　开关电路图

（6）同步检波电路。

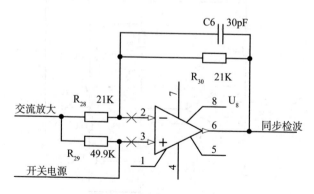

图 2.5.9　同步检波电路图

（7）直流滤波放大电路。

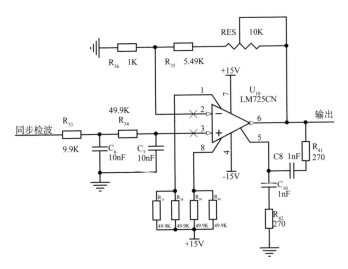

图 2.5.10　直流滤波放大电路图

（8）直流稳压电路。

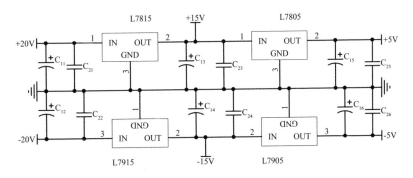

图 2.5.11　直流稳压电路图

2.5.2　主机电路原理及图件

主机主要功能：为前置放大器提供电源，接收前置放大器的输出信号，遥控标定与电零位调整控制。

（1）电源电路原理。

主机供给传感器电源为 ±20V，由一对电桥整流，经 LM7820 与 LM7920 稳压输出。交直流浮充自动转换，直流供给为 ±24V 电瓶，如图 2.5.12 所示。

（2）电机控制电路原理。

标定器的控制电路是由单片机按大步距标定法的操作流程控制步进电机转动，其驱动电路如图 2.5.13 所示，ZC3-1 为方向转换控制脉冲，控制脉冲为高电平有效，它通过三个与门来控制步进电机的三个绕组。正脉冲时，它直接控制步进电机 2；负脉冲时，通过 IC2A 反向器得高电平，控制另一个测向的步进电机 1，主机前面板的"换向"按键来实现测向控制脉冲的转换。步进电机的三个绕组分别由单片机按一定的时序和频率分别依次通过 ZC3-2、ZC3-3、ZC3-4 和达林顿管（TIP122）驱动电机不断轮换接通，使之转动。因此在连接步进电机的三个绕组时不能反向，否则步进电机会反转甚至不转。

2.6 仪器安装及调试

2.6.1 仪器墩与密封体布设

DSQ 型水管仪仪器墩位布设及通常采取的密封措施如图 2.6.1 所示。

（1）安放仪器的主墩应采用坚硬、完整基岩（山洞开凿时凿成或另行加工放置）。加工放置的主墩，底面要与地面紧密粘接耦合，粘接通常使用高标号的水泥。主墩四周应设置隔震槽。

（2）两端主墩平面间的相对高差应不大于 3mm。

（3）两主墩之间的基线上，等间距布设仪器辅墩，支撑玻璃水管及标定装置。

（4）密封体布设为便于对仪器进行小腔体密封，依据具体情况，可在测量基线的周边砌立砖墙，砖墙略高于两端钵体安装后的高度。注意在两个钵体的附近，砖墙较其他部位略低一些，以方便观测人员安装、调试仪器。仪器安装完成后，再用聚苯乙烯硬泡沫板（一般厚 50mm）覆盖，形成对水管仪主机的小腔体密封。

2.6.2 安装仪器前的准备

（1）检查主墩顶面水平、两主墩间以及中间砖墙间的高差是否合乎要求。

（2）检查主墩面上的地脚螺钉预埋孔位置、尺寸是否合乎要求。

（3）清扫洞壁、地面灰尘，擦净墩面。

（4）将蒸馏水静置在洞中仪器安放处 3 天以上，使蒸馏水与洞内温度相同。否则钵体、管路内壁易存气泡。总之要使水温不低于仪器安装处的温度。

（5）在溶化的肥皂粉水中，用捆有长毛刷或纱布球的铁丝插入玻璃管内来回移动清洗玻璃管，然后用洁净的流水冲洗干净。紧接着用酒精——冲荡，待

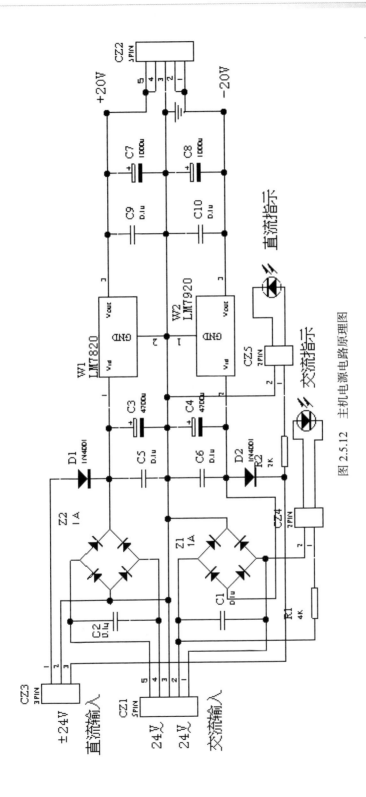

图 2.5.12　主机电源电路原理图

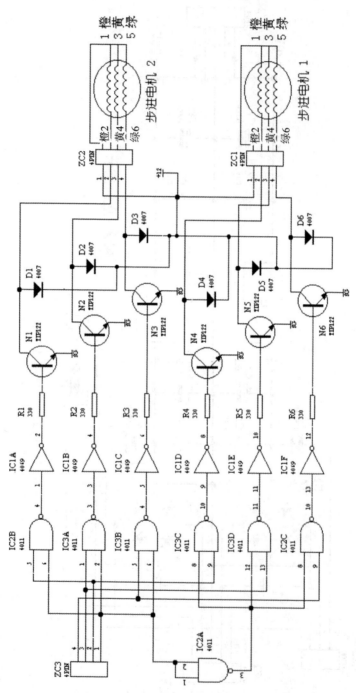

图 2.5.13 步进电机驱动电路图

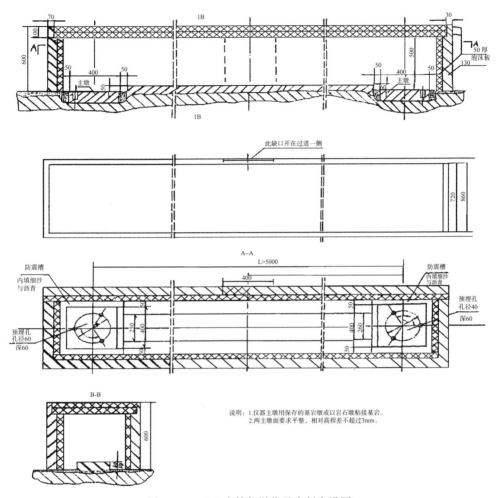

图 2.6.1　DSQ 水管仪墩位及密封布设图

酒精挥发尽后再移置山洞内。钵体同样用洗净剂、清水、酒精清洗干净，并用白绸覆盖好，硅胶管接头剪裁成长约 80mm 的小段，先用清水洗，然后用蒸馏水洗净。

（6）金属件表面用酒精擦洗油污灰尘，待酒精挥发尽后也移置洞中，覆盖上白绸。

（7）量取各仪器安装墩位到记录室的距离。按此长度截取五芯屏蔽电缆（RVVP 5×16），每端需五芯屏蔽电缆 1 根，每个标定装置需 1 根四芯电缆线（非屏蔽）。两个分量共计 4 根五芯屏蔽电缆线和 2 根四芯电缆线，每根两端用医用胶布（或其他工具）编写好相应的标志、序号，以防混乱。

2.6.3 仪器安装步骤

（1）在主墩顶面放置 3 个垫块，供放置主体底座螺旋。

（2）将主体置于主墩上，拿开上盖板，取出编好号的玻璃钵体置于同一分量上，用白丝绸覆盖好；中间支墩上一一摆放玻璃管；居中处置放标定装置，注意标定棒要取出，让标定杯口敞开。玻璃管每一接头处用已洗净的硅胶管套接好，管头端面接触，不留空隙，如图 2.6.2 所示。

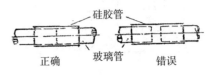

图 2.6.2　玻璃管连接示意图

当最后一段不足一根整管长时，需按实际长度横截玻璃管。具体做法是：将手弓锯条反装在锯弓架上，在截断处来回拉锯，同时不停地浇水拌金刚砂。

（3）从一端钵体沿内壁徐徐注入已在洞中静置过的蒸馏水。注意：水流不得直冲水面。

（4）排除管中所有大小气泡。把管内所有大小气泡赶到两管端接头处，再用片状竹签沿玻璃管外表面和硅胶管内表面之间徐徐插入，把气泡排放干净。

（5）将浮子小心移入注好水的钵体中，调整位移传感器铁芯位于铅垂面内，将铁芯装在浮子顶端孔内。手拿浮子轻敲，使浮子内配重物大致平聚，又能自由漂浮。待稳定后用铅垂线调试铁芯歪斜方向，用手指轻敲浮子上锥面对径处（图 2.6.3），直到铁芯轴线与铅垂线平行，转动浮子 90°，照前述调整另一个方向。两方向调整好后，再检查两次。

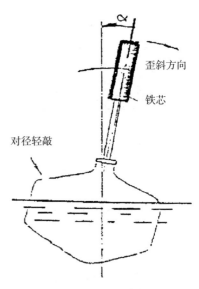

图 2.6.3　浮子调直方法

（6）摆直玻璃管，移动管端套接硅胶管，使接触无空隙（图 2.6.3），调整钵体中水位到所需高度，规定从钵体底面量起为 90 ～ 95mm。

（7）调节标定装置底座上的三个螺钉，以改变标定杯高度，使标定杯内的水面与标定杯水银槽顶面大致相平，然后将标定棒（上装有马达、齿轮、套筒等）轻轻插入标定杯内，以避免有气泡，再将套筒从下端侧面用三个螺钉固定在标定杯金属轴套上，最后在标定装置水银槽中用滴管注入一层水银。检查标定棒移动是否灵活：先用手转动大齿轮，若发现转动不灵活，原因有两个：一个是步进马达轴上的小齿轮与大齿轮啮合过紧，这时松动步进马达四个固定螺钉，将小齿轮拉开一点，若还不行，则另一个原因是标定棒螺母与标定棒轴套两者中心线不在一条直线上。这时要调节大齿轮下面的三个梅花沉头螺钉，先将它们松开，调至大齿轮转动灵活，然后逐一轮流压紧这三个螺钉直至转动灵活为止。

（8）盖上盖板，旋紧三根支柱上的螺母，将铁芯杆穿簧片夹头中心固定于浮子上，然后旋紧簧片夹头紧定螺钉，使导向支承弹簧和浮子连成一体。

（9）利用管状水准器在上盖板上表面两垂直方向交替放置，反复调节脚螺旋，使上盖板上表面水平，以满足仪器的几何安装要求。

（10）将位移传感器线圈装入，固定在微调装置上。注意引线端朝上，调整微调装置使铁芯置于线圈中央，不得擦碰，然后固定微调装置。再在盖板上将传感器引线压紧。

（11）在盖板上圆槽处压入软垫圈，然后罩上玻璃罩子，并用带弯压块、螺钉加以压紧。

（12）将地脚螺钉用混凝土埋设在仪器主墩的预埋孔内，埋设深度以能压紧主体底座为宜。

2.6.4　外线路连接

主机和数采放置在观测室内，通过几十米甚至上百米的五芯屏蔽电缆与山洞内的各端点前置盒连接，前置盒通过1m左右的信号线分别与传感器连接。电气接线如图2.6.4所示。

（1）前置盒接口。

前置盒有3个插座：五芯插座连接传感器、七芯插座为供电和信号输出插座，四芯插座为调试检测插座。调试检测插座上配有插头连线，连线上红线为传感器输出信号，黑线为信号地。平时插头不能旋入，只是在用数字电压表调试仪器灵敏度和检测时才旋入使用。

七芯插座用五芯屏蔽电缆线连接DSQ主机，其插头引脚定义：1脚——−20V电源，2脚——+20V电源，5脚——电源地（0V），3脚——信号输出，7脚——信号地（⊥）。

安装时需注意：电源信号插头旋入传感器之前需用数字电压表检查插头相应各脚的电压是否正常："2脚～5脚"脚间为+20V，2脚为正极，"1脚～5脚"脚间为−20V，1脚为负极。若测量的电压正负极性错误，就会烧坏传感器；若

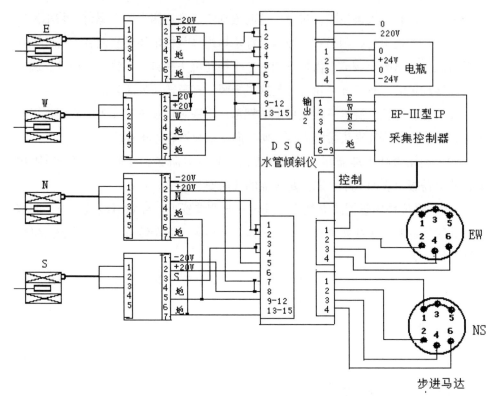

图 2.6.4 水管仪电气接线示意图

量出的电压不在 18 ~ 21V 范围内，则盒内稳压电源无法正常工作。

前置盒面板电位器用来调整输出电压信号放大倍数，以使仪器一个分量两端电灵敏度 n（mV/μm）调成一致。

（2）数据采集器接口。

信号输入：八芯 PLT–16 插座，采集器的信号输入，接传感器的输出，其管脚定义如表 2.6.1 所示。

表 2.6.1 信号输入插座管脚定义

管脚号	1	2	3	4	5	6	7	8
通道	CH1	CH2	CH3	CH4	CH5	CH6	×	地
VS	NS	EW	×	×	×	×	×	地
DSQ	N	S	E	W	斜边1	斜边2	×	地
SS-Y	NS	EW	斜边	洞温	×	×	×	地
八芯电缆颜色	红	黄	蓝	绿	橙	紫	酱	白

注：1. × 表示不用，最好接地。

2. 表中 VS、SS-Y 行，分别为 VS 垂直摆倾斜仪、SS-Y 伸缩仪的信号接入定义。

控制：九芯 φ16 航插，DSQ 型水管倾斜仪标定器的控制信号，其管脚定义如表 2.6.2 所示。

表 2.6.2　控制输出插座管脚定义

管脚号	1	2	3	4	5	6	7	8	9
电缆颜色	红	黄	蓝	绿	橙	紫	酱	白	灰

控制信号输出给 DSQ 型水管倾斜仪与 SS-Y 型伸缩仪位于其主机箱内的标定器，标定器有三个四芯插座，分别控制 1 路步进电机，对应于北南分量、东西分量和斜边分量的标定，对于二分量仪器，斜边分量的插座不接。插座管脚定义如表 2.6.3 所示。

表 2.6.3　步进电机插座管脚定义

步进电机脚号	1，3，5	2	4	6
四芯插座脚号	1（+15V）	2	3	4
内部线颜色	红	蓝	黄	绿

开关输出：六芯 PLT-16 航插，VS 型垂直摆倾斜仪标定使用，DSQ 型水管倾斜仪不用。

通信电源：三芯 PLT-16 航插，保留为有线 MODEM 或无线 MODEM 的电源复位控制使用。

DC15V：主电源输入插座，接电源适配器的输出，电源适配器参数为：输入 AC100-240V/70VA，输出：DC15V/3.4A。

DC12V：DC12V 输入插座，接 12V 蓄电池输出，可以不接。

COM1：RS-232 串口 1，为系统保留或扩展使用。

COM2：RS-232 串口 2，为系统保留或扩展使用。

RJ45：10M 以太网接口插座，旁边为两个网络接收和发送绿色指示灯，闪烁时表示网络正在接收和发送状态。

2.7　仪器功能及参数设置

2.7.1　WEB 仪器参数设置

（1）仪器启动。

按住"设置"键，打开 EP-Ⅲ型 IP 采集控制器电源开关，采集控制器将在设置状态下工作。

（2）访问仪器设置页。

在浏览器地址栏输入仪器 IP 地址，如 http://10.3.18.200，访问仪器设置页。

（3）仪器设置。

①用户设置。

普通用户：普通用户不需要用户名与密码，可以访问仪器主页，不能下载数据和做控制操作；

高级用户：可以下载数据，不能做控制操作。高级用户用户名缺省为 senior，密码缺省为 ********；

管理用户：管理用户拥有对仪器操作的所有权限。管理用户用户名缺省为 administrator，密码缺省为 ********。

②网络设置。

设置仪器在平时工作状态下的网络参数，包括 IP 地址、子网掩码、网关、应用端口、管理地址与端口和 SNTP 时间服务器 IP 地址等，如图 2.7.1 所示。

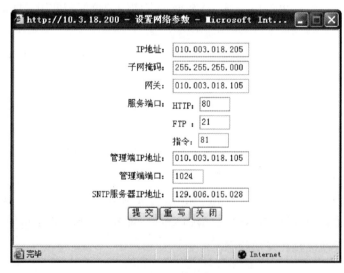

图 2.7.1　网络设置

③仪器设置。

设置仪器台站代码、测项代码、仪器序列号、台站位置坐标，包括经度、纬度和高程等。如图 2.7.2 所示。

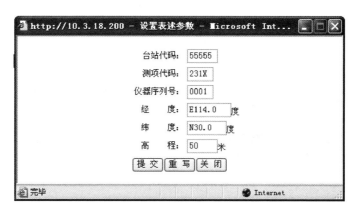

图 2.7.2　仪器设置

仪器在出厂时已按照地震行业标准设置好了测项代码并分配了一个序列号，用户不要修改。测项代码 +WHYQ+ 仪器序列号构成仪器 ID 号。仪器 ID 号在指令服务中是个重要参数。

④通道设置。

设置仪器各通道的测项代码、钵体内径、基线长度、标定幅度与修正数等，如图 2.7.3 所示。

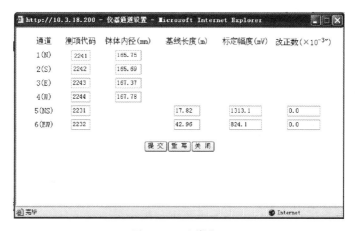

图 2.7.3　通道设置

⑤标定。

a. 启动标定。点击"启动标定"启动仪器的标定。DSQ 型水管倾斜仪对各个分量同时标定，标定启动后，整个标定过程包括动作、计算、记录自动完成，不需要人工参与。不要打断这一过程。

b. 标定与调试状态查看。点击"标定与调试状态查看"可以查看标定与调试进行状态，以确定是否可以进行标定／调试或标定／调试是否完成，如果标定与调试状态窗口保持打开，则标定与调试状态会每分钟自动更新，及时通知标定与调试是否完成。如图 2.7.4 所示。

图 2.7.4　标定与调试状态

c. 标定记录查看。仪器将标定结果予以记录保存，点击"标定记录"可以查看标定记录情况，如图 2.7.5 所示。仪器最多可以同时保存 24 条记录，循环覆盖。

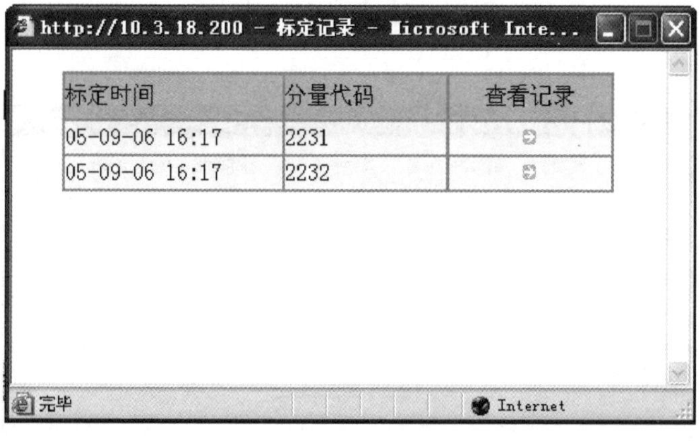

标定时间	分量代码	查看记录
05-09-06 16:17	2231	⇨
05-09-06 16:17	2232	⇨

图 2.7.5　标定记录表

d. 标定结果查看。点击标定记录表中某条记录的"查看记录"，弹出标定结果表，如图 2.7.6 所示。表中，当标定精度优于 1% 时，标定结果将被采纳，该分量的物理量计算启用表中的新格值，否则仍采用原格值。

⑥调试。

a. 上升 20mm。点击"上升 20mm"，让仪器标定棒上升 20mm。DSQ 型水管倾斜仪对各个分量同时调试，调试启动后，整个调试过程包括动作、计算、记录自动完成，不需要人工参与，也不要打断。

DSQ 型水管倾斜仪格值标定表

2005 年 09 月 06 日

分量：2231　　　　　　　　　　　　　基线长度 L（m）：17.82

$\Delta h_{标}$（mm）：20　　　　　　　　　$\Delta H_{水}$（μm）：52.43

端点	时间	Uc（mV）	ΔUc（mV）	$\Delta \overline{Uc}$（mV）	标定精度（%）	$\Delta \overline{Uc'}$（mV）	$\eta = \dfrac{\Delta \overline{Uc'}}{\Delta H_{水}}$（mV/μm）	η（10^{-3n}/mV）	相对误差（%）
N	16：17	−1205.1							
	16：22	153.5	1358.6						
	16：27	−1206.6	1360.1	1359.1	0.07				
	16：32	152.1	1358.7						
	16：37	−1206.8	1358.9			1365.8	26.05	0.4443	0.98
S	16：17	−672.4							
	16：22	699.9	1372.7						
	16：27	−672.8	1372.7	1372.5	0.01				
	16：32	700.4	1372.3						
	16：37	−671.9	1372.3						

标定者：

注：U 为电压

图 2.7.6　标定结果表

b. 下降 20mm。点击"下降 20mm"让仪器标定棒下降 20mm。DSQ 型水管倾斜仪对各个分量同时调试，调试启动后，整个调试过程包括动作、计算、记录自动完成，不需要人工参与，也不要打断。

c. 标定与调试状态查看。点击"标定与调试状态查看"可以查看标定与调试进行状态。

d. 调试记录查看。仪器将调试结果予以保存，点击"调试记录查看"可以查看调试记录情况，如图 2.7.7 所示。仪器最多可以同时保存最近的 24 条记录，循环覆盖。

e. 调试结果查看。点击调试记录表中某条记录的"查看记录"，弹出调试结果表，如图 2.7.8 所示。

f. 数据清除。清除仪器中保存的观测数据记录和标定记录，清除成功后数据下载表和标定记录表将为空。

图 2.7.7　调试记录表

DSQ 型水管倾斜仪调试结果表

2005 年 09 月 12 日

调试类型：上升 20mm

端点	时间	U_c（mV）	ΔU_c（mV）	$\Delta \overline{U_c}$（mV）	$\Delta H_\text{水}$（μm）	基线长度（m）	$\eta = \dfrac{\Delta \overline{U_c}}{\Delta H_\text{水}}$（mV/μm）	格值（10^{-3n}/mV）	标定精度（%）
N	10：56	1488.4	1319.2						
	11：01	169.2		1313.9	52.43	17.82	25.06	0.462	0.80
S	10：56	1583.5	1308.7						
	11：01	274.8							
E	10：56	1238.2	828.2						
	11：01	410.0		824.8	51.28	42.96	16.08	0.299	0.81
W	10：56	1117.4	821.5						
	11：01	295.9							

图 2.7.8　调试结果表

2.7.2　WEB 仪器操作设置

（1）访问仪器主页。

在浏览器的地址栏输入 EP–Ⅲ的 IP 采集控制器的地址，访问仪器主页。

（2）用户管理。

用户管理修改高级用户和管理用户的用户名及密码。

（3）查询仪器信息和状态。

①网络参数。

查询仪器当前网络参数，如图 2.7.9 所示。

图 2.7.9　查询仪器网络参数

②表述参数。

查询仪器台站代码、台站坐标等，如图 2.7.10 所示。

③测量参数。

查询仪器当前格值因子、改正数等，如图 2.7.11 所示。

标定后如果测量参数中某通道的格值或改正数发生了改变，表明该通道的标定成功，否则不成功。

图 2.7.10　查询仪器表述参数

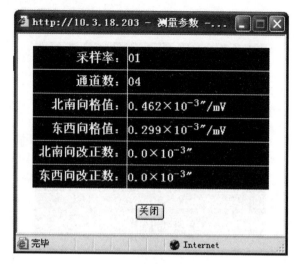

图 2.7.11　查询仪器测量参数

④标定记录。

仪器将标定结果予以记录保存，点击"标定记录"可以查看标定记录情况。

⑤电源与标定状态。

查询仪器当前电源与标定状态，如图 2.7.12 所示。

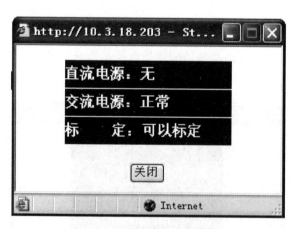

图 2.7.12　查询仪器电源与标定状态

（4）仪器控制。

设置仪器的各种工作参数、标定操作、对时等，如图 2.7.13 所示。

值得注意的是，仪器控制的各项操作都需要用户验证，只有提供正确的管理用户名和密码才能进行。

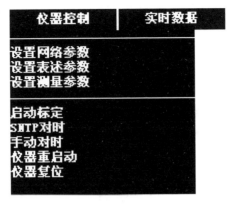

图 2.7.13　仪器控制

①设置网络参数。

设置仪器在平时工作状态下的网络参数，包括 IP 地址、子网掩码、网关、应用端口、管理地址与端口和 SNTP 时间服务器 IP 地址等。

②设置表述参数。

设置仪器的台站代码、测项代码、仪器序列号、台站位置坐标，包括经度、纬度和高程等。与仪器设置不同的是，这里的仪器序列号的设置被忽略，不起作用。

③设置测量参数。

设置不能由仪器标定获得的参数，如改正数等，如图 2.7.14 所示。

图 2.7.14　设置测量参数

④启动标定。

点击"启动标定"启动仪器的标定。

⑤ SNTP 对时。

启动仪器向 SNTP 时间服务器申请，校对本机时钟。当发现本机时钟出错时进行本操作。仪器会每日自动校对本机时钟，一般不需进行本操作。

⑥手动对时。

人工输入日期和时间，校对本机时钟。当发现本机时钟出错而 SNTP 对时不成功时进行本操作，如图 2.7.15 所示。

图 2.7.15　手动对时

⑦仪器重启动。

重启动仪器。

⑧仪器复位。

重启动仪器。

（5）实时数据。

查询仪器当前采集数据、测量数据和时间等，如图 2.7.16 所示。如果实时数据窗口保持打开，则实时数据会每分钟自动更新。

（6）数据下载。

弹出数据文件列表，鼠标左键点击下载可以下载该数据文件。数据下载需要进行用户验证，只有提供正确的高级或管理用户的用户名和密码才能下载，如图 2.7.17 所示。仪器可以保存多至15 天的数据文件，循环覆盖。

图 2.7.16　实时数据

如果列表中出现以 REF 为扩展名的数据文件，则它记录的是 EP–Ⅲ型 IP 采

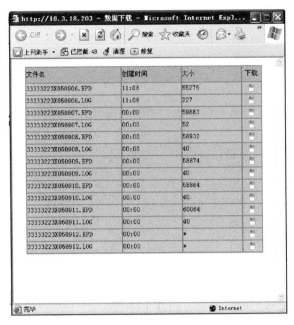

图 2.7.17　数据下载

集控制器对本机的参考电压的采集值，通过该数据可以判断采集控制器的采集部分工作是否正常。

2.7.3　数据格式

（1）测量数据（EPD 文件）格式。

一天的测量数据传输的内容及顺序如下：

长度、日期、台站代码、设备 ID、采样率、通道个数、通道测项分量代码1、通道测项分量代码 2……通道测项分量代码 n、按通道顺序及采样次序排列一天的观测数据。

每项信息和每个观测数据用 ASCII 字符表示，缺测数据用"NULL"表示，以空格符分隔。

长度：该数据块所有数据的字节数；

日期：采用"YYYYMMDD"格式，表示北京时间的年、月、日；

台站代码：遵照 DB/T 4—2003 的规定；

设备 ID：由 12 个字符表示，前 4 个字符为设备的测项代码，中间 4 个字符为厂家自定义标志，后 4 个字符为设备序列号（为了方便管理，出厂前已设定好，建议用户不要修改）。测项代码遵照 DB/T 3-2003 的规定，设备序列号由 4 个阿拉伯数字组成。

测项分量代码：遵照 DB/T 3-2003 的规定；

采样率：01（1 样点 /min）；

一天的观测数据：某日的 00h00m00s 至次日的 00h00m00s 之前的观测数据；

例如：35498 20060318 88888 223XWHYQ0062 01 6 2241 2242 2243 2244 2231 2232 NULL NULL NULL NULL NULL NULL 304.7 1130.8 1607.6 500.5 -857.6 320.1 304.8 1130.7 1607.6 500.5 -857.5 320.1 ……

35498 表示所有数据的字节数，20060318 表示 2006 年 3 月 18 日的数据，88888 表示台站代码，223XWHYQ0062 是仪器 ID 号，01 代表采样率（1 样点 /min），6 表示 6 个通道，2241、2242、2243、2244、2231、2232 分别代表各方向分量，NULL 表示缺测数据，304.7 1130.8 1607.6 500.5 -857.6 320.1 表示某一分钟采集的 6 个通道的数据，304.8 1130.7 1607.6 500.5 -857.5 320.1 表示下一分钟采集的数据。

（2）设备运行日志（LOG 文件）格式。

运行日志的内容及顺序如下：

长度、日期、台站代码、设备 ID、信息 1、信息类型码、信息发生时间……信息 2、信息类型码、信息发生时间……

例如：183 20060318 88888 223XWHYQ0062 1 16 000000 2 03 161550 3 04 163550 4 07 165127 5 00 165213……

183 表示数据的字节数，20060318 表示 2006 年 3 月 18 日的信息（与默认的文件名日期是一致的），88888 是台站代码，223XWHYQ0062 是仪器 ID 号，1 16 000000 表示第一条信息，在 0 时 0 分 0 秒建立文件并检测到直流电异常（仪器若没有接直流电，每次建立文件都会检测到该信息），2 03 161550 表示第二条信息，在 16 时 15 分 50 秒时启动自校准（开始标定），3 04 163550 表示第三条信息，在 16 时 35 分 50 秒时关闭自校准（标定结束），4 07 165127 表示第四条信息，在 16 时 51 分 27 秒时修改工作参数，5 00 165213 表示第五条信息，在 16 时 52 分 13 秒时对仪器进行复位。

每项信息用 ASCII 字符表示，以空格符分隔。具体信息类型见表 2.7.1。

表 2.7.1　信息类型与对应码

信息	信息类型码	信息	信息类型码
复位系统	00	网页方式数据传输	09
更新固件	01	访问状态信息	10
校对时钟	02	访问工作参数	11
启动自校准	03	访问运行日志	12
关闭自校准	04	访问属性信息	13
启动调零	05	异常告警	14
关闭调零	06	交流电异常	15
修改工作参数	07	直流电异常	16
指令方式数据传输	08	自定义	50 至 99

信息号：为记录发生的顺序号，用整数表示；

信息类型码：表述设备运行中发生的信息类型，用两个字符表示；

日期：记录发生的日期，格式为 YYYYMMDD；

信息发生时间：记录发生的时间，格式为 HHMMSS。

2.7.4　主要配置文件

EP–Ⅲ IP 采集控制器主要配置文件包括 AD 板软件、IP 板软件、网页文件等。见表 2.7.2。

表 2.7.2　主要配置文件表

仪器类型		AD 板软件名
DSQ 水管倾斜仪	二分量	C:\update\project\AD\program\DSQ2_AD.hex
	三分量	C:\update\project\AD\program\DSQ3_AD.hex
仪器类型		IP 板软件名
DSQ 水管倾斜仪	二分量	C:\update\project\IP\program\DSQ2_IP.hex
	三分量	C:\update\project\IP\program\DSQ3_IP.hex
仪器类型		网页文件所在目录
DSQ 水管倾斜仪	二分量	C:\update\web\DSQ\two
	三分量	C:\update\web\DSQ\three

2.8 标定与检测

在仪器使用中，为保持灵敏度的一致，保证观测精度，需进行电灵敏度的调试，定期进行仪器格值标定。

2.8.1 电灵敏度的调试

本项操作是使得钵体中水位变化 1μm 时，得到传感器输出电信号是多少 mv，即为了求得电灵敏度 n。具体调试步骤如下：

（1）寻找传感器输出零点位置，将主体上的垂直微调装置（里装有传感器）旋至高处传感器输出电信号为 −8V 左右，再往下旋至低处时传感器输出 +8V 左右，再旋回 0mV 左右，就算找到传感器零点位置。

（2）将标定棒旋至高端某处，用数字电压表检测传感器输出信号，调节各主体上的垂直微调装置，使输出信号约为 0mV 时，停止调节，罩上罩子。

（3）将计算机接通网络系统，进入 DSQ 水管倾斜仪仪器设置页。

（4）点击"通道设置"，分别输入钵体内径、基线长度。如图 2.8.1 所示。

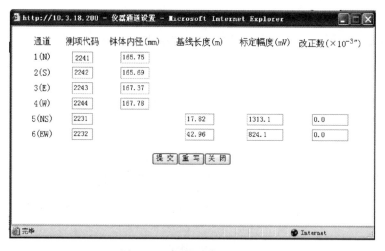

图 2.8.1　仪器通道设置页面

（5）再回到仪器设置页，点击"标定与调试"，再点击"调试"。再按下对话框里的下降、上升，计算机通过数采仪控制标定器的丝杆下降、上升（标定棒移动 20mm）。人为造成钵体内一水位变化量 ΔH 水如为 50μm 左右，计算机就自动对仪器进行采集并显示在计算机上，就得到传感器电压变化量 ΔU，ΔU 应在预定范围内，同一分量两端电灵敏度要求一致，其相对误差应 ≤ 1%，具体操作时微调传感器的电位器，使其达到一致。

（6）具体调试方法为：

①调节标定棒，用数字电压表连接调试检测插头上的信号线和地线，读取差动变压器传感器输出电压 U_A。此时，U_A 要大，不能在 0mV，便于精调。

②通过公式 $U_B = \dfrac{\overline{\Delta U}}{\Delta U_A} \times U_A$，算出 U_B——调节后的差动变压器换能器输出电压。式中，$\overline{\Delta U}$ 为所要调的比例电压，ΔU_A 为所测到的平均值，举例：东端 $\overline{\Delta U_E} = 966.2\text{mV}$，西端 $\overline{\Delta U_W} = 981.2\text{mV}$。可见东端和西端的电灵敏度相对误差为 1.5%（即 $\dfrac{981.2 - 966.2}{974.7} = 1.5\%$，分母为 974.7，为两端的 $\overline{\Delta U}$ 平均数），超限故必须进行电灵敏度微调。倘若要使东端调得和西端一样（即向西端看齐），微调时只需东端传感器放大倍数增大一点就可与西端一致了。具体微调按下式进行：

$U_B = U_A \times \dfrac{981.2}{966.2}$，假设调节前东端传感器的输出电压读数为 U_A=1006.6mV，接着按上式算出 $U_B = 1006.6 \times \dfrac{981.2}{966.2} = 1022.2\text{mV}$。然后，微调东端传感器电位器，使其输出读数变为 1022.2mV，为了可靠起见，精调完后还需进行标定，并视标定结果做进一步精调，以确保同一分量两端的电灵敏度相对误差 ≤ 1%。

（7）将标定后的同分量两端 $\overline{\Delta U}$ 取平均数算出电灵敏度 n(mV/μm)，然后代入格值公式可算出格值 η。

2.8.2　仪器格值的计算

从两端钵体水位变化测得的垂直高差，令为 Δh，相应地，其倾斜角 $\Delta \Psi$ 为：

$$\Delta \Psi = \frac{360 \times 60 \times 60}{2\pi} \times \frac{\Delta h}{L} = 0.206265 \frac{\Delta h}{L} \tag{2.8.1}$$

式中，Δh 为测得的垂直高差，单位 μm；L 为两端钵体中心距离，单位 M。

在采用前兆数采仪记录情况下，地倾斜角 $\Delta \Psi$ 的计算公式为：

$$\Delta \Psi = \eta \times V = 0.206265 \frac{1}{n \times L} \times V(\text{''}) \tag{2.8.2}$$

式中，η 为仪器的格值（''/mV）；n 为电灵敏度，单位为 mV/μm；V 为观测数据，单位 mV。

这时仪器的格值用上式计算得：$\eta = 0.206265\dfrac{1}{n \times L}('' / \text{mV})$ 　　　　（2.8.3）

电灵敏度 n 调试在仪器信号输入，在仪器安装长度 $L \leqslant 10\text{m}$ 以内，EW、SN 分量调至 $30\text{mV}/\mu\text{m}$ 左右；在 $L > 10\text{m}$ 以上，两分量 n 调至 $20\text{mV}/\mu\text{m}$ 左右。举例：新疆乌鲁木齐地震台 DSQ 型水管倾斜仪遥测标定记录及其结果。

（1）已知：

① L_{EW}=30.12m，L_{NS}=10.34m

②水槽直径（mm 为单位）：

D_{E}=167.02　　D_{W}=167.04

D_{S}=165.55　　D_{N}=165.36

③标定棒直径 d=12mm

④ $\Delta h_{标}= 20\text{mm}$

从而算出水位变化：

$$\Delta H_{\text{EW}} = \frac{\Delta h_{标} \times d^2}{D_{\text{E}}^2 + D_{\text{W}}^2} = \frac{20 \times 12^2}{167.02^2 + 167.04^2} = 51.62(\mu\text{m})$$

$$\Delta H_{\text{NS}} = \frac{\Delta h_{标} \times d^2}{D_{\text{S}}^2 + D_{\text{N}}^2} = \frac{20 \times 12^2}{165.55^2 + 165.36^2} = 52.60(\mu\text{m})$$

（2）格值标定记录格式详见表 2.8.1。

（3）同分量两端输出电压差相对误差计算，其限差应小于 1%。

EW：(574.1–573.3)/573.70 = 0.1%

NS：(1535.9–1528.3)/1532.10 = 0.5%

（4）各个分量的电灵敏 n 计算：

$$n_{\text{EW}} = \frac{\overline{\Delta U_{总}}}{\Delta H_{水}} = \frac{573.70}{51.62} = 11.11(\text{mV}/\mu\text{m})$$

$$n_{\text{NS}} = \frac{1532.10}{52.60} = 29.13(\text{mV}/\mu\text{m})$$

（5）数采格值计算：

$$\eta = 0.206265\frac{1}{n \cdot L}('' / \text{mV})$$

$$\eta_{NS} = 0.206265\frac{1}{29.13\times10.34} = 0.685\times10^{-3}(''/mV)$$

$$\eta_{EW} = 0.206265\frac{1}{11.11\times30.12} = 0.616\times10^{-3}(''/mV)$$

表 2.8.1   DSQ 水管倾斜仪格值标定记录格式

端号	衰减倍数 B	时间	$\Delta h_{标}$（mm）	$\Delta H_{水}$（mm）	U（mV）	ΔU（mV）	$\overline{\Delta U}$（mV）	$\overline{\Delta U}_{总}$（mV）（同一分量）	N
E	2	14：05			69.2				
		14：10	20	51.62	642.3	573.1			
		14：15	20	51.62	69.2	573.1			
		14：20	20	51.62	642.7	573.5			
		14：25	20	51.62	69.3	573.4	573.3		
W	2	14：05			115.3				
		14：10	20	51.62	688.9	573.6			
		14：15	20	51.62	114.3	574.6			
		14：20	20	51.62	688.5	574.2			
		14：25	20	51.62	114.7	573.8	574.1	573.70	11.12
S	1	14：30			−93.9				
		14：35	20	52.60	1442.0	1535.9			
		14：40	20	52.60	−94.1	1536.1			
		14：45	20	52.60	1441.5	1535.6			
		14：50	20	52.60	−94.3	1535.8	1535.9		
N	1	14：30			57.3				
		14：35	20	52.60	1585.7	1528.4			
		14：40	20	52.60	56.8	1528.9			
		14：45	20	52.60	1584.8	1528.0			
		14：50	20	52.60	56.9	1527.9	1528.3	1532.10	29.13

2.7.3　自动标定

仪器标定和格值的计算只要在 DSQ 水管倾斜仪网页下，输入水槽直径、仪器长度等有关参数，按下对话框里的"标定"，仪器进入远程自动标定状态，经20 分钟后标定结束，仪器格值自动生成。为保证仪器的长期工作精度，必须对仪器的格值定期进行自动标定。

2.9 常见故障及排查方法

收集全国形变台网中水管倾斜仪的运行故障信息，结合仪器厂家提供的资料，经过系统整理完善，编写成故障信息分类、常见故障处置、故障维修实例各部分内容，分别在 2.9 及 2.10 列出，从不同方面阐述仪器故障与处理方法，供仪器使用维修工作中参考使用。

2.9.1 故障信息分类（表 2.9.1）

表 2.9.1 水管倾斜仪常见故障及排查方法一览表

序号	故障单元	故障现象	故障可能原因	排除方法
1	电源部分故障	远程无法连接仪器	停电、保险丝断等电源故障	维修供电单元
2		端点实时测值为零或乱数	传感器 ±20V、±15V、±5V 故障	检查各点位输出电压，更换故障元件或模块
3		标定无响应	标定步进电机驱动电源故障	检查标定驱动电压
4		所有测向输出为零	主机供电故障	检查变压器输入、输出电压，传感器 ±20V 电源故障
5		仪器工作正常，电源指示灯不亮	指示灯损坏	检查插头并插紧或更换指示灯
6			指示灯接触不良	
7	数采单元故障	无法连接仪器	网线没有连接好	检查网线连接
8			仪器 IP 地址有误	检查仪器网络设置
9			网卡错误	等待片刻让系统自动修复；若不行，仪器复位，或更换网卡
10		收取不到数据	系统时间非法，数据文件无法保存	重新对时
11			数据文件表被破坏	重启仪器，若不行，则清除观测数据，文件重新开始记录
12		不能找到仪器网页或网页有错误	网页文件表被破坏	重启仪器
13			操作系统有某些工具阻止网络操作	检查并解除其阻止功能

续表

序号	故障单元	故障现象	故障可能原因	排除方法
14	数采单元故障	仪器显示屏错误显示	仪器内部接触不良或干扰	重启动仪器
15			显示屏接触不良	检查显示屏接插件
16		系统时间显示错误	受到强干扰	重新对时
17			系统电池耗尽，停电后时间无法恢复正常	更换电池
18	传感器单元故障	曲线畸变，有突跳、噪声大	换能器老化或接口接触不良	检查端点供电及信号输出，拔插换能器各接口，更换航空插探头座
19			探头受潮	除潮或更换探头
20			传感器或前置盒故障	更换传感器或前置盒故障
21			端点信号避雷器故障	去除避雷元件查看，如曲线恢复正常则更换端点信号避雷器元件
22			信号线接触不良	固定信号线，重新拔插接口
23			传感器受潮漏电，产生突跳	更换传感器
24			探头铁芯与套筒有摩擦	调整铁芯与套筒的同心度
25			仪器有接触不良处	检查仪器各接点
26		数据大幅漂移	检查端点曲线，两分量同步大幅下降，现场判定本体可能存在漏水	检查漏水点并更换本体
27			标定器漏水检修	重新密封标定器
28		端点实时测值为零或乱数	端点供电线路故障，前置盒无供电	检查维修供电线路
29			同期有雷雨天气，判定前置盒被雷击	前置电路运算放大器U3、U9、U10 等可能被损坏，检查更换；或更换前置盒
30			传感器输出超过 ±2V	仪器调零
31	标定单元故障	仪器不能正常标定（电机不动）	标定控制板不能正常工作	更换标定板
32			数采不能正常驱动	更换数采

续表

序号	故障单元	故障现象	故障可能原因	排除方法
33	标定单元故障	仪器不能正常标定（电机不动）	电机损坏	检查电机三组线圈电阻是否正常（29Ω左右）；不正常，更换标定电机
34			标定器卡死	调整标定器机械传动部分
35		仪器标定结果不合格（电机转动正常）	蒸馏水变质	更换蒸馏水
36			标定器齿轮转动不到位	调整齿轮装置
37			同一基线上，两个传感器灵敏度不一致	调节传感器灵敏度
38	机械主体单元故障	端点数据快速变化	水槽（钵体）连通管连接处开裂，有渗漏	更换水槽
39			连通管连接处渗漏	更换乳胶管或紧固
40			标定器水银密封处有水渗漏	检查水银密封圈
41		两端点出现同步畸变	连通管内有气泡	排气泡
42		仪器标定结果不合格，标定时数据稳定太慢	蒸馏水变质	换水

2.9.2 部分常见故障处置

根据水管仪的原理，水管倾斜仪的一般故障通常可发生在电路、传感器、标定装置、水质等方面。

（1）故障现象：东、西、北、南端信号均为零。

排查方法：a. 首先检查仪器电源插座里的保险管是否断了。b. 检查仪器机箱输出是否为 ±20V（在前置放大器 7 芯插头上测量 5-1 脚是 –20V，5-2 脚是 20V）。

（2）故障现象：天气雷电现象后，应及时检查仪器是否被雷电击坏。

排查方法：a. 如果所有信号为零，需先检查输出电源 ±20V。b. 如果只有某端点信号不正常，该端点前置放大器可能发生故障，需更换备用前置放大器。若没有备用的前置放大器时，应先断开前置放大器电源，打开前置放大器盒子，更换电路板上的芯片，首先更换 OP07 芯片（一般雷击都是击坏最后一级输出芯片）。如果上述操作后仍未恢复正常，再考虑更换其他芯片。

（3）故障现象：标定数据重复精度很差。

排查方法：检查标定装置齿轮转动是否到位，先松开大齿轮下面的 3 个螺钉，接着转动大齿轮，再慢慢上紧 3 个螺钉。

（4）故障现象：标定时校测参数稳定很慢，且仪器安装时间较长或洞室环境潮湿等。

排查方法：可检查钵体、基线水管内的蒸馏水是否长霉、变质等因素，导致增加仪器的阻尼，影响仪器校测数据稳定慢。仪器确定为受蒸馏水变质影响后，需更换蒸馏水。

（5）故障现象：如果某一分量两端点观测曲线出现同步变化，高差曲线仍然有固体潮背景。

排查方法：可能因蒸馏水中有气泡，可进行检查、排出。

2.10 故障维修实例

2.10.1 测量数据为零（电源故障）

（1）故障现象。

仪器测量数据为零，且东、西、北、南端信号都为零。

（2）故障分析。

出现这种故障一般情况在仪器的公共部分，即主机电源部分，AC220V 交流电源，经变压器压降至 AC22V，再经全波整流，由三端稳压器 7820、7920 组成的稳压电路得到 ±20V 直流电压。检查输入输出电压是否正常。

（3）维修方法及过程。

① 主机电源指示不亮，检查仪器电源插座里的保险管。

② 打开机箱，逐级检查 AC220V 交流电源，经变压器压降至 AC22V，及由三端稳压器 7820,7920 组成的稳压电路得到的 ±20V 稳定直流电压。判定故障部位；

③ 检查仪器机箱输出是否有 20V（在前置放大器 7 芯插头上量 7-1 是 –20V，7-2 是 20V）。

2.10.2 连接仪器失败（备用直流电池亏电）

（1）故障现象。

管理软件调收数据提示仪器连接失败，但调收非该台的其他设备观测数据正常。ping 仪器不通。

（2）故障分析。

① 管理系统调收数据仪器连接失败，但其他台站数据调收正常，可排除管理系统软件故障；

② 通过远程 ping 该仪器，无法 ping 通仪器。初步判断为电源故障或网络故障。

（3）维修方法及过程。

维修人员与台站看护人员沟通后，由看护人员到达现场查看了仪器的面板指示灯，发现供电指示灯不亮，确定仪器供电有问题。

由于该仪器采用直流供电，使用万用表测量电瓶电压，发现电压为 7V 左右，不足以使仪器正常工作。

由于观测室供电正常进而判断为充电电源故障，不能为电瓶充电，电瓶长时间工作导致电压过低。更换充电电源后，仪器恢复正常工作。

2.10.3 持续性上升或下降（灵敏度不一致）

（1）故障现象。

水管仪某一测项分量数据曲线在原背景噪声的基础上出现持续性上升或下降的趋势变化，如：某台站水管仪 NE 向观测曲线 2014 年 3 月 14 日调零后数据出现持续下降趋势，自 3 月 14 日以来周变化幅度最高达到 $122.00 \times 10^{-3}''$，截至 5 月 19 日数据变化幅度达到 $899.40 \times 10^{-3}''$，而 NS 向、EW 向 2014 年 3 月 14 日调零后并未出现该种态势，数据背景噪声稳定。

（2）故障分析。

① 查看同一时间段故障测项两端点的曲线，发现单端曲线固体潮汐清晰、光滑。

② 仔细分析曲线变化特征，同一时间段的漂移量有比较大的差距，南西端是北东端的两倍左右，根据水管仪的观测原理可以分析得出故障测项的突然持续下降与两个端点的下降速率不同有关。

③ 初步判断同一个测向两个端点的下降速率不同与数据采集器的失真（老数采）或前置盒的灵敏度有关，故障点基本锁定在前置放大盒与数据采集器。

（3）维修方法及过程。

测量故障测项的两个端点前置盒的电压输出，发现两个端点的电压与数据采集器采集的电压一致，排除数据采集器故障。

检查前置盒的工作状态，维修人员对仪器进行了"标定"。结果显示：NE 端电压差值为 1757.4mV，SW 端电压差值为 952.1mV，两端点标定压差相差两倍左右。与两个端点漂移速率基本一致，进而判断可能与仪器的两端点前置盒灵敏度不一致有关。

维修人员通过标定结果进洞调整某一个前置盒的灵敏度确保两个端点一致，重新标定，两端电压差基本一致。观察半天观测曲线，并与之前的正常动态变化曲线比较，确认仪器恢复正常观测。

由于该台的水管仪为九五仪器，仪器运行十年以上，元器件的电气参数可能在受到外界干扰时发生变化，对仪器的正常观测造成影响。台站人员在进行标定、调零等操作后要对仪器的观测数据进行密切关注，出现问题及时处理。

2.10.4 噪声大［传感器（探头）故障］

（1）故障现象。

东西分量曲线出现高频扰动，且扰动出现的频率和幅度越来越大，如图2.10.1、2.10.2。

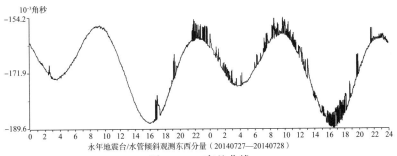

永年地震台/水管倾斜观测东西分量（20140727—20140728）

图 2.10.1　高差曲线

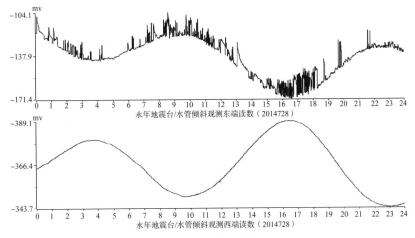

永年地震台/水管倾斜观测东端读数（2014728）

永年地震台/水管倾斜观测西端读数（2014728）

图 2.10.2　端点曲线

（2）故障分析。

①查看同一时间段另外分量的曲线，发现两个端点曲线均固体潮汐清晰、光滑，判断与电源、数采等公共设备无关。

②查看同一时间段故障测项两端点的曲线，发现西端曲线固体潮汐清晰、光滑；只有东端出现不规则扰动。初步判断故障与东端的线路、前置盒、传感器有关。

（3）维修方法及过程。

维修人员到达山洞后检查东端信号线缆，线缆完好。

用万用表测量东端前置放大器输出，发现信号极不稳定，对东端前置放大器、航空插头进行干燥处理，扰动依然存在。

维修人员互换东、西两端传感器探头，经过一段时间的观察，东端曲线恢复正常，西端曲线出现同样的扰动，于是确定原东端传感器探头出现故障。

更换原东端传感器探头，仪器恢复正常。

2.10.5 端点缺数（前置盒雷击故障）

（1）故障现象。

以怀来台为例，2008年6月26日天气雷雨，雷雨后调取当天数据，水管仪E端曲线正常，W端无数据。

（2）故障分析。

①查看同一时间段另外分量的曲线，发现两个端点曲线均固体潮汐清晰、光滑，判断与电源、数采等公共设备无关。

②由于故障发生在雷雨之后，初步判断为W端前置盒遭雷击。

（3）维修方法及过程。

维修人员到达山洞观测室后检查仪器，仪器供电部分正常。

测量电源机箱W端输出电压正常，进洞里测量前置盒插口的供电电压正常，而没有输出电压，确认为前置盒故障。

更换为备用前置盒后输出电压恢复正常。观测人员及时进行了标定，仪器恢复正常。

（4）经验与体会。

台站都相当重视雷害的预防，采取了一系列规范化措施，如制作防雷网罩、铠装电缆入地、专用防雷箱等一系列严格措施。对于防不胜防的雷害，台站还应做到：

①雨季打雷后必须及时收取当天数据，及时发现问题，将数据中断降到最低。

②前置盒是水管仪必用备件。

③更换前置盒后及时校准。

2.10.6 测值为零（传感器超量程）

（1）故障现象。

仪器面板和网页实时数据为零。

（2）故障分析。

DSQ 水管仪量程为 ±2000 mV，如果器监测数据超出量程，直接表现为仪器面板和网页实时数据为零，这时要及时进行相应测向的仪器调零。

（3）维修方法及过程。

进行相应测向的仪器调零。

2.10.7 检测探头故障

（1）故障现象。

固体潮汐逐渐不够清晰。

（2）故障分析。

因检测头发霉长毛，导致检测头和线圈之间出现粘连现象，使检测头不能随水位上下变动，令此端点的测值变化幅度逐渐减小，固体潮汐逐渐不够清晰。

（3）维修方法及过程。

清洗检测头和线圈。

2.10.8 日变幅极小，固体潮汐不清晰（检测探头位置不当）

（1）故障现象。

日变幅极小，固体潮汐不清晰。

（2）故障分析。

由于检测头的位置不在线圈正中间，导致检测头与线圈接触或偏向线圈的一侧，此时的观测数据也有可能在 –2V ~ 2V 之间，但是由于位置不当，测值的变化幅度明显偏小，固体潮汐不清晰。

（3）维修方法及过程。

调整检测头的位置。

2.10.9 前置盒故障（接头受潮）

（1）故障现象。

铁岭台 DSQ 水管仪西端数据异常，多毛刺且数据曲线无固体潮汐。

（2）故障分析。

西端数据线航空插头受潮腐蚀，存在漏电现象，造成观测数据异常。

（3）维修方法及过程。

更换受腐蚀的航空插头。

2.10.10　畸变突跳（信号防雷器故障）

（1）故障现象。

辽阳台 DSQ 水管仪南端数据异常，曲线形态不规则且有一些跳动。

（2）故障分析。

南端前置放大器一侧信号防雷器有问题。

（3）维修方法及过程。

更换南端信号防雷器。

2.10.11　测值为零（前置盒雷击故障）

（1）故障现象。

雷击之后所有的信号都为零。

（2）故障分析。

①如果所有信号都为零，先检查电源输出 ±20V。

②如果只有某端点信号不正常，可能这个端点前置放大器坏了，换上备用前置放大器。如没有备用，先断开前置放大器电源，打开前置放大器，换电路板上的芯片，先换 OP07 芯片（一般雷击都是击坏最后一级输出芯片）。如果还不正常，再换其他芯片。

（3）维修方法及过程。

检查相关故障点，更换相关故障元件。

2.10.12　扰动（虚接或受潮氧化）

（1）故障现象。

进洞调零后，北南分量曲线开始出现不规则扰动，并且扰动幅度越来越大。

（2）故障分析。

①因为该扰动是在调零之后出现的，维修人员询问调零人员当时调零时的情况，调零人员表示操作过程中没有异常。

②查看同一时间段另外分量的曲线，发现两个端点曲线均固体潮汐清晰、光滑，判断与电源、数采等公共设备无关。

③查看同一时间段故障测项两端点的曲线，发现南端曲线固体潮汐清晰、光滑；只有北端出现不规则扰动。初步判断故障与北端的线路、前置盒、传感器有关。

（3）维修方法及过程。

维修人员到达山洞后检查北端信号线缆，线缆完好。

对北端前置盒调零输出进行了再次测量，确认无误后，到观测室查看了数采的面板显示，发现与洞内的测量差距较大。

再次回到洞内测量调零输出，并在该过程中轻轻扭动信号线和航空插头的连接处，万用表测量的数据出现变化，判断为航空插头内部接触不良或受潮。

拆下前置放大器打开航空插头，检查发现并无虚接等现象，用电吹风对航空插头内部焊点进行吹风干燥，并做密封防潮处理后，扰动消失，仪器恢复正常工作。

2.10.13　阶跃（前置盒雷击故障）

（1）故障现象。

双阳台 DSQ 水管仪遭雷击后，北南、东西分量曲线开始出现不规则阶跃，如图 2.10.3 所示。

（2）故障分析。

①该不规则阶跃因雷击出现，维修人员先查看了屏幕显示的当前数据，发现数据与前一天数据相差很多。

②查看同一时间段各个端点的曲线，发现同时段内各个端点曲线也出现不规则阶跃，判断与雷电干扰有关。

（3）维修方法及过程。

维修人员查看了北南分量和东西分量信号线和电源线，无破损无断点；查看前置盒的输出信号，发现数据不正常，确定为前置盒故障。更换前置盒，恢复正常工作。

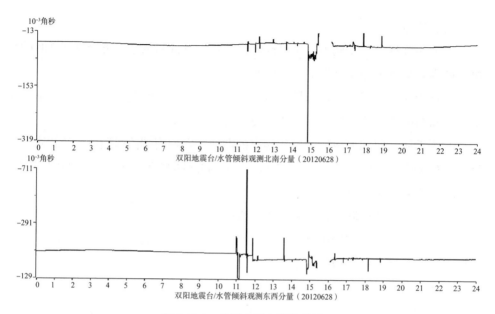

图 2.10.3　前置盒雷击故障曲线

2.10.14　标定时数据稳定慢（蒸馏水变质）

（1）故障现象。

仪器工作正常，日常记录曲线未发现任何异常。3 月 29 日标定时，在标定棒下降（或上升）后，5 ~ 20 分钟后读数仍不稳定，曲线一直呈缓慢漂移状态，无法完成准确读数和仪器校准。

（2）故障分析。

由于平时观测曲线正常，只在标定时出现长时间不能稳定的情况，初步怀疑因为水质变坏导致连通管中阻力变大，影响标定时的水流的快速运动。

（3）维修方法及过程。

维修人员到达现场后拆开密封的苯板对连通管进行从头到尾的检查，发现有霉菌堵塞管路的情况。这种情况只能对水管仪进行换水，换水后工作正常。

水管仪的蒸馏水不能进行密封，钵体上端留有专门的透气孔，要根据连通管原理以保持两个端点气压一致。几十米长的仪器不可能做到很严实；达到完全密封；安装仪器时也很难达到类似医院那样的无菌化操作。山洞内长期阴暗潮湿，易滋生细菌。另外仪器老化、橡胶管腐化、人为进洞干扰等因素都可能使水质变差，有时从钵体或水管内可以明显看到白色纤维状杂质菌团，致使水质变浓，粘滞系数和阻尼增大，标定时液面不能很快稳定。

2.10.15 大速率变化（水槽漏水）

（1）故障现象。

2014 年 10 月 18 日 DSQ 南北向出现向南倾斜的变化：从 18 日的 35ms 下降到 −15ms 附近，固体潮汐正弦波发生严重畸变，如图 2.10.4 所示。

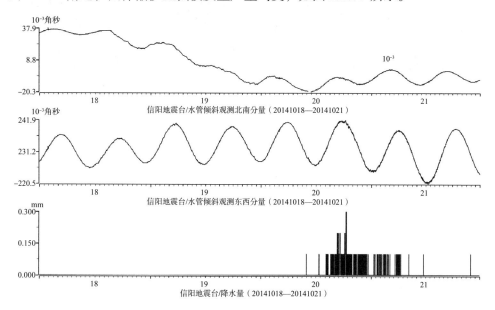

图 2.10.4　信阳台 DSQ 2014 年 10 月 18—21 日南北、东西分量曲线畸变图

（2）故障分析。

① 查看同一时间段南北、东西两分量曲线，发现南北向曲线向南倾斜，而东西向曲线固体潮汐清晰、光滑；

② 在现象发生前，并未有降雨天气存在，可推断并不是降雨导致的；

③ 初步判断，南北向传感器及连接钵体存在蒸馏水蒸发或渗水的现象。

（3）维修方法及过程。

首先，连接万用表测量南北向两个端点前置盒的电压输出，发现两个端点的电压不一致；

其次，检查钵体两端的连接部位，发现用于密封的玻璃罩出现大面积裂痕，北端钵体基座有明显的水渍，仔细检查确认钵体与连通管的连接部位存在渗水现象，见图 2.10.5；

最后，维修人员通过加注蒸馏水，达到暂时稳定的状态。随后，更换钵体，重新与连通管连接，解决问题后，工作正常。

图 2.10.5　钵体渗漏部位

2.10.16　数据漂移（水槽渗漏）

（1）故障现象。

双阳台 DSQ 水管仪东西分量曲线突然出现漂移现象，同一时间端点曲线也出现漂移，如图 2.10.6。

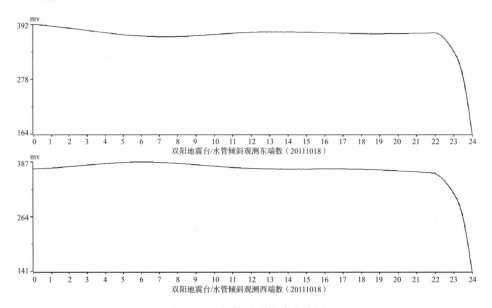

图 2.10.6　钵体破裂故障曲线图

（2）故障分析。

①问题发生当天无雷电发生，无停电断电现象。

②查看同一时间段故障测项北南分量的曲线，发现北南分量曲线固体潮汐清晰、光滑；只有东西分量出现漂移现象且端点同时漂移。初步判断故障与东西分

量的线路、前置盒、钵体有关。

（3）维修方法及过程。

首先，维修人员到达山洞后检查东西分量信号线缆，线缆完好，没有接头和破损；

其次，用万用表测量东西分量前置放大器各个芯片，排除前置换盒问题；

最后，查看钵体，用干净的卫生纸擦拭，发现东端钵体破裂渗水，与厂家联系发回更换后，仪器恢复正常。

2.10.17　两端点曲线出现同步（连通管内存在水泡）

（1）故障现象。

某个方向两端点曲线出现同步，高差曲线有固体潮汐。

（2）故障分析。

如果某个方向两端点曲线出现同步，高差曲线有固体潮汐，那就是蒸馏水里有气泡，需要排出。

（3）维修方法及过程。

排出蒸馏水里的气泡。

2.10.18　数据向下漂移速率增大（连通管连接处乳胶管部位水渗漏）

（1）故障现象。

同一分量的两个端点测值同时向一个方向漂移，且经常需要调零。

（2）故障分析。

当仪器出现漏水现象时，同一分量的两个端点的测值会因水位的下降同时向一个方向漂移，且漂移的速度较快，需要经常调零。

（3）维修方法及过程。

找到漏水点，更换漏水处的乳胶管。

2.10.19　数据漂移（检测装置部位渗漏）

（1）故障现象。

2013 年 11 月 6 日水管仪比测后数据漂移大，调零频繁。由于水管北南分量持续南倾，东西分量持续西倾，因此每次调零都是由约 –1700mV 调整到 1800mV，即便如此，每月仍需调零 3 次。

（2）故障分析。

数据漂移大可能是水管内液体蒸发快或者漏水造成的。2013年10月底重新架设了水管仪，接着进行比测，因此可以排除蒸发的影响。2013年11月比测时，按照要求在北、东两端处加装了三通，连接比测装置，分析认为可能是密封不严造成漏水。

（3）维修方法及过程。

首先，仔细检查水管仪及三通，东西分量连接比测装置处漏水，拆除比测装置，将三通连接比测装置端水管用尼龙棒密封，同时给水管仪补水。观察一段时间的资料发现数据漂移仍然较大，一个月中每隔10天需要调零；

其次，检查发现北南分量正常，没有漏水迹象。但是数据漂移仍然较大，一个月中每隔10天需要调零。分析认为，虽然拆除了比测装置，但是三通并未拆除，而尼龙棒并不能将三通彻底密封，仍然存在渗漏现象，只是幅度很小不易察觉，渗漏持续一段时间将会造成液面下降，导致数据漂移较大；

最终，于2015年1月重新架设水管仪，彻底拆除了三通，观察发现数据漂移较大的问题得到解决，调零周期也恢复到1~2个月一次的水平。

2.10.20 标定装置不动作（驱动电路故障）

（1）故障现象。

远程网页标定后，仪器没有反应。

（2）故障分析。

可能是步进电机故障、标定棒卡死、驱动电路故障。

（3）维修方法及过程。

检查标定电机三组线圈的阻值，约29Ω为正常，不正常则更换电机；查看标定棒是否被限位螺丝卡死，如被卡死，则需人为转动标定棒到正常位置；如果前两项检查均正常，则可能是主机的驱动电路板故障，更换或维修后进行标定测试。

2.10.21 仪器无法连接（数采雷击）

（1）故障现象。

2014年7月29日16:27，荥阳子台发生雷电、暴雨强对流天气。30日进行数据处理时发现，水管仪无数据，怀疑部分设备或数采被雷击。

（2）故障分析。

通过访问仪器主页、ping 仪器 IP 地址等方式，初步判定水管仪数采可能被雷击损害。

（3）维修方法及过程。

30 日到达现场后，初步目测，水管仪数采前部面板无显示，进行设备重启后仍无法进入正常工作状态，确定仪器数采被雷击。送修后，设备返回安装，故障排除。

2.10.22 数据错误（数采故障）

（1）故障现象。

值班人员处理数据时发现前一天的数据曲线基本形态正常，每隔一段时间叠加有不同幅度的扰动，且两分量扰动表现形式不同。

（2）故障分析。

调取并查看了 4 个端点的曲线，发现北端记录曲线呈直线，而南、东、西 3 个端点曲线的干扰形态相同、幅度相同、方向相同，初步判断其故障原因应该来自电气系统的电源或数采等公共部分，基本排除单个端点的传感器故障。

（3）维修方法及过程。

维修人员到达观测室后检查了电源部分，经测量，交直流电源供电电压均正常。

测量电源机箱输出电压、前置放大器供电电压、前置放大器信号输出电压均正常，于是判断为数采故障。

由于台站不具备维修条件，维修人员将数采拆除返厂维修。更换为维修好的数采后，仪器恢复正常。

2.10.23 测值为空（芯片故障）

（1）故障现象。

抚顺台 DSQ 水管仪数据采集器网络正常，测值为"NULL"。

（2）故障分析。

可能是数据采集器内数据板上的 74HC373 芯片损坏。

（3）维修方法及过程。

更换 74HC373 芯片。

2.10.24　数据错误（数采芯片故障）

（1）故障现象。

保山地震台在一次雷击后台站电源跳闸，后恢复供电，水管仪记录中数据开始乱跳，表现为记录曲线上固体潮汐全无。

（2）故障分析。

①因供电原因造成的东西、北南分量均记录不正常，前置放大盒均因雷击损坏的可能性不大。

②主机供电单元故障，输送洞内前放盒电压不稳定，造成记录不正常。

③数采因雷击损坏，造成采集数据混乱，可能性较大。

（3）维修方法及过程。

①拿万用表直接在数采输入端量各端点信号电压值，结果正常。排除前置放大盒、主机供电单元故障的可能。

②检查数采外围，上电后面板有显示，网络通信正常。开箱检查发现 DC/DC NR5S12/250（5V 转 12V）电源模块发热严重，后检查 7805 芯片发热，输入、输出值明显不对，偏离正常值（12V/5V）。

③更换 DC/DC 电源模块，后检查 7805 芯片各脚值正常，但仍发热，电路后端应有芯片故障。

④检查 AC/DC ICL7135 模数转换芯片发热，测量输出值乱跳变，更换该芯片，记录恢复正常。

雷击感应强电窜入数采机箱，造成电源模块、模数转换模块损坏。检查处理故障时应根据故障发生的原因进行分析，然后逐级检查，同时可根据器件外观、表面温度（手指触碰）等发现异常点，再利用万用表、示波器等工具检测。

2.10.25　标定重复精度差（标定器机械故障）

（1）故障现象。

标定数据重复精度很差。

（2）故障分析。

可能是标定装置齿轮转动不到位，松开大齿轮下面 3 个螺钉，转动大齿轮，再慢慢上紧 3 个螺钉。

2.10.26　南端数据曲线较粗，存在高频干扰（导向簧片）

（1）故障现象。

营口台 DSQ 水管仪南端数据曲线较粗，类似存在高频干扰，但固体潮形态正常。

（2）故障分析。

因故障现象出现在用市电供电模式期间，市电停止时，仪器使用 UPS 供电，在此期间南端数据曲线正常，根据这种情况当时判断为电源干扰。但电源安装了交流滤波器后，高频干扰仍然存在，干扰幅度也没有减小。后来经过仔细检查，发现南端钵体内浮子导向簧片位子不对，可能是台站人员在调试仪器过程中误操作造成簧片位置发生改变。

（3）维修方法及过程。

调整浮子导向簧片及浮子铁芯居中位置。

2.10.27　无法连接仪器（网络单元故障）

（1）故障现象。

营口台 DSQ 水管仪受雷电影响，网络通信故障，液晶屏显示各项测值正常。

（2）故障分析。

数据采集器内网络接口卡受雷击损坏。

（3）维修方法及过程。

更换网络接口卡。

3 垂直摆倾斜仪

3.1 仪器简介

垂直摆倾斜仪属摆式倾斜观测仪，用于测量地壳运动的倾斜变化。目前台网中观测使用较多的洞室垂直摆倾斜仪有 VS 型、VP 型两种型号，VP 型相较 VS 型具有更宽的观测频带，更高的数据采样率，且能实现远程自动调零操作。两种仪器的观测原理、仪器结构、标定与检测、安装调试等基本相同，本章一并进行介绍。

3.2 技术指标

3.2.1 VS 型宽频带倾斜仪的主要技术指标

（1）频带宽度：46 秒——直流。

（2）电容测微器精度：0.0001 微米。

（3）仪器分辨力：0.0001 角秒。

（4）仪器日漂移：0.005 角秒。

（5）仪器线性度误差：<1.0%。

（6）输出信号量程：±2 伏特。

（7）自振周期：0.6 秒。

（8）摆重：600 克。

（9）折合摆长：100 毫米。

3.3.2 VP 型宽频带倾斜仪的主要技术指标

（1）分辨力：优于 0.0002 角秒

（2）频带宽度：10 秒至直流

（3）仪器量程：≥ 2″

（4）标定重复性相对偏差：≤ 1%

3.3 测量原理

3.3.1 测量原理

垂直摆工作原理是在重力作用下，摆锤处于铅垂悬链线上，当地面发生倾斜变化时，摆体的支架、底盘随着地面发生倾斜变化，摆锤悬链线始终保持垂直位置（如图 3.3.1 所示）。摆锤悬链线与摆体间的相对位置发生变化，将这个微小位移的变化量转化为电容式位移传感器动片和定片之间的距离变化量，通过传感器转换成电信号并加以放大后检测获得，将电信号通过格值转换为地面倾斜变化。

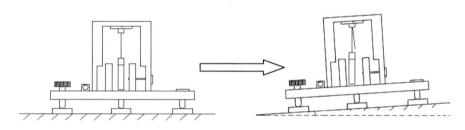

图 3.3.1　垂直摆倾斜仪基本工作原理示意图

3.4 仪器结构

VP 型垂直摆倾斜仪主要由机械装置系统、电容位移传感器、主机和数据采集器等部分构成，如图 3.4.1 所示。

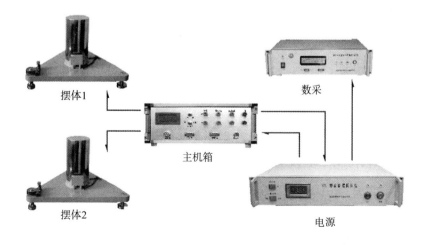

图 3.4.1　垂直摆倾斜仪整体结构实体图

该仪器的机械装置系统主要由以下6个部分组成（图3.4.2）：

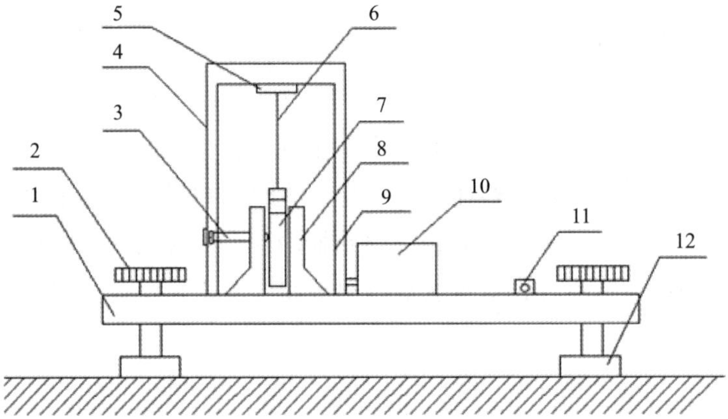

1– 底盘 2– 调平机构 3– 锁摆机构 4– 外屏蔽罩 5– 顶板 6– 柔丝
7– 摆 8– 定片 9– 主体支架 10– 电路盒 11– 气泡 12– 垫块

图 3.4.2　垂直摆倾斜仪机械结构图

①摆系；②主体支架；③电容位移传感器；④底座；⑤调平机构；⑥锁摆机构。

宽频带倾斜仪的摆系主要由柔丝、摆杆和质量块3部分组成，摆系采用双丝悬挂，这种悬挂方式使摆系只有一个自由度。如图3.4.3所示。

电容式位移传感器的中间为动片，即摆的质量块；两边为定片，固定在仪器的支架和底盘上。

调平机构用于置平仪器，可通过调平机构的调节，使摆处于零位附近。

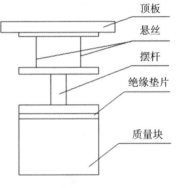

图 3.4.3　摆系示意图

锁摆机构是为了避免在运输过程中摆与周围的部件发生碰撞导致摆系损伤而设计的。运输前通过锁摆机构将摆锁紧；工作时，再通过相反的运动将摆松开，使摆处于自由状态。

3.5　电路原理及图件

3.5.1　电容式位移传感器原理框图

垂直摆倾斜仪的传感器为高精度的电容式位移传感器。

电容式位移传感器的中间一片为动片，即摆的质量块；两边的两片为定片，固定在仪器的支架和底盘上。结构原理如图3.5.1所示。

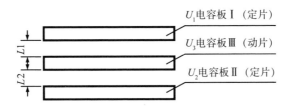

图 3.5.1　垂直摆倾斜仪传感器测量原理示意图

由于传感器的输出电压 U_3 与动板离零位的距离 ΔL 成正比，故由传感器的输出电压 U_3 就可以求出动板与零位的距离，即可根据输出电压的变化量求出动板位移的变化量。

由于传感器的输出电压 U_3 的幅度很小，信噪比也很小，因此必须经高增益放大后才能检测，并需锁相放大器滤除噪声，消除噪声对测量结果的影响。电容测微器原理框图如图 3.5.2 所示。图中移相器的作用是为了调整参考通道的相位，使信号信道中的正弦波与参考通道中的方波在相位上严格一致，从而保证锁相放大器的工作。

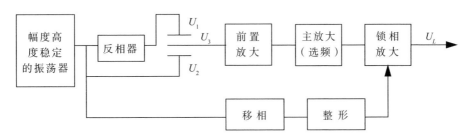

图 3.5.2　电容式位移传感器工作原理框图

3.5.2　电容式位移传感器原理图介绍

电容式位移传感器原理如图 3.5.3 所示。

（1）前置放大器。

由于电容传感器输出阻抗很高，前置放大器的输入阻抗必须更高。图 3.5.3 中同相运放 U（LF356）电路满足高输入阻抗和高稳定的增益要求。

（2）主放大器。

主放大器 U_5（LF356）采用选频放大，中心频率 16kHz。选频放大器的作用是滤除频带以外的噪声。如果没有滤波，噪声的尖峰经放大后在锁相放大器的输入端将达到饱和，从而影响锁相放大器的工作性能。

（3）锁相放大。

由于电容传感器信号较小，信噪比很低，当噪声高于信号时，噪声就淹没了信号，无法进行准确的测量。锁相放大器是滤除噪声最有效的方法。恰当地增加低通滤波器的时间常数，可以有效地压缩等效的噪声带宽。

（4）稳幅振荡器。

为了保证电容测微器的精度，振荡器的幅度稳定度必须很高。垂直摆倾斜仪采用运算放大器（LF356）振荡器电路。

（5）移相与整形电路。

R_4、C_3、R_5、LM336、Z2.5 组成移相与整形电路，满足电路较高稳定性的要求。

（6）低通滤波电路。

低通滤波器用于滤除电子系统的噪声和各种干扰，亦能滤除车辆及其他震动源引起的地面脉动的干扰影响，低通滤波器的时间常数越长，φ 值越高，带宽则越窄，滤除噪声和干扰的能力越强；但若低通滤波的时间常数太长，则会使固体潮汐波产生相位滞后，故需恰当地选择电路参数和滤波常数。倾斜仪采用的低通滤波器的时间常数为 10 秒。

3.5.3　点动调零原理图介绍

仪器设计了自动调零装置，通过网络对仪器进行调试，调零部分电路如图 3.5.4 所示。

3.6　仪器安装及调试

3.6.1　仪器的安装

垂直摆倾斜仪由于精度非常高，安装工作必须十分细致，否则会影响仪器精度及潮汐曲线的记录结果，垂直摆倾斜仪的安装步骤如下：

（1）平放。

将仪器小心平稳地从仪器箱搬出，平放在与基岩相连的水泥墩上，水泥墩面必须光滑平整，若水泥墩面高低不平，则需将水泥墩磨平后再搁置仪器。

（2）定向。

垂直摆倾斜仪的两个摆系分别测定东西向和南北向的倾斜变化，仪器在洞室内安装时，其中一个摆的摆动方向与东西方向平行，另一个摆系的摆动方向与南北方向平行，由于仪器摆系的摆动方向与仪器三角形底盘中心一条边平行，故

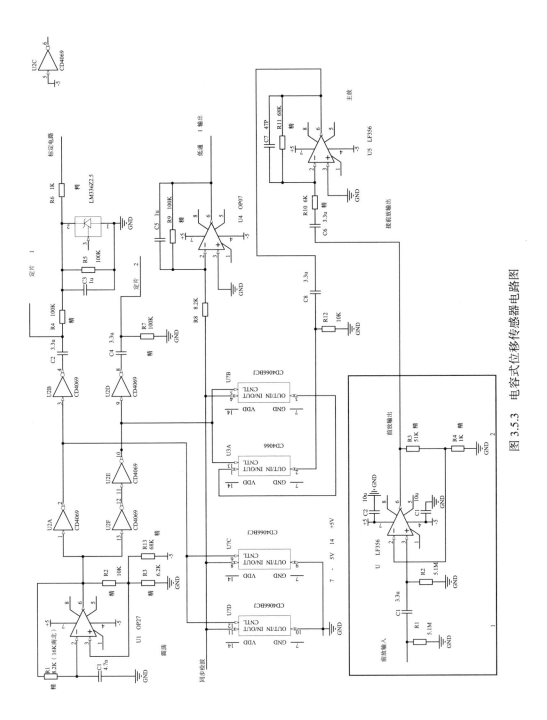

图 3.5.3 电容式位移传感器电路图

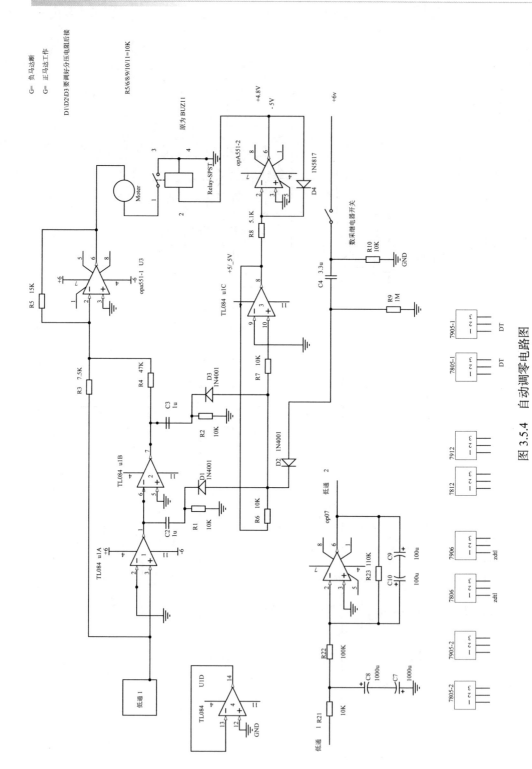

图 3.5.4 自动调零电路图

放置仪器时，只要将仪器底盘中表示摆动方向的这条边分别与东西方向或南北方向平行即可。放置仪器时的方位角误差应小于0.5°。

正东西向和正南北向的方位以地理北为基准，不宜使用罗盘定向，要用北极星方位角法定向。

（3）置平。

通过调节仪器本体上的底脚螺丝，观测仪器底盘上纵横两个方向上的气泡，将仪器调平。

（4）连线与供电。

将仪器本体与电路盒之间、电路盒与外机箱和数采设备之间的电缆线（包括信号线、标定线和自动调零线等）连接好，然后打开外机箱电源，电源开关按下后电源指示灯即亮。

（5）松摆。

仪器装妥后打开仪器外罩上的密封盖，沿逆时针方向转动锁摆机构，旋转到转不动时为止，这时摆即松开，松摆后需将密封盖再盖上，并用密封胶进行密封，防止潮气进入。

（6）调零。

由于垂直摆倾斜仪的量程较小，若电容测微器测量电路的输出电压超出量程，数采将无法记录，在仪器工作前，先要进行调零，将摆调至零位附近，使仪器在量程范围内正常工作。

在调零时，打开数字面板表，此时面板表中显示输出电压，当摆在零位附近时，输出电压接近于零。数字面板表的输出电压越大，摆偏离零位越远。

调摆时需转动蜗杆带动螺轮及丝杆转动，从而改变仪器的姿态，使摆处于零位附近，当数字面板显示表头数为正时，则将蜗杆朝负方向逆时针转动；当显示表头数为负时，将蜗杆朝正（顺时针）方向转动，显示范围为 ±1.999V，若数字面板表出现闪动 −1 或 1 时，说明超出量程。当面板表显示小于 100mV 时，仪器便可正常记录。调零完毕，后关闭数字面板表电源开关。

VP 型宽频带倾斜仪支持远程自动调零，当超出量程以后，通过网络访问仪器页面进行远程自动调零操作。

（7）标定。

仪器进行正常记录后，需进行一次标定，通过标定算出数采格值，另外可通过标定检查仪器的记录幅度是否正常。

（8）电缆的安装与连接。

宽频带倾斜仪的本体和自动调零盒安装在山洞中的仪器室内，而外机箱和数据采集器安装在山洞外记录室内，需要通过长电缆将仪器信号从洞内传送至洞外。

需要传输的仪器信号包括洞外控制信号（两个分项的标定信号和调零信号）、洞内仪器输出信号和电源。为防止信号干扰，其中电源线和调零信号线为一根线缆，标定信号线和仪器输出信号线为一根线缆。线缆均为多芯屏蔽电缆线。

3.7 仪器功能与参数设置

垂直摆倾斜仪与 DSQ 水管倾斜仪都使用 EP-III 型 IP 采集控制器，仪器设置与操作类似。详见 2.7.1、2.7.2。

3.7.1 WEB 仪器参数设置

（1）通道设置。

设置仪器各通道的测项代码、标定偏角常数与标定幅度等，如图 3.7.1 所示。

各台仪器一般有不同的标定偏角常数，应该根据仪器情况正确设置。仪器标定时如果成功，会自动计算和更新标定幅度。标定幅度可以设置，意味着可以从多次标定结果中选择最佳的标定幅度以使仪器计算的格值最佳。

从通道参数计算格值的公式为：

$$格值\,(\times 10^{-3}''/mV) = 标定偏角常数\,/\,标定幅度$$

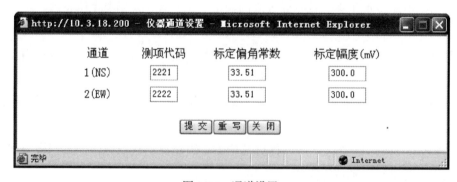

图 3.7.1 通道设置

（2）标定结果查看。

点击标定记录表中某条记录的"查看记录"，弹出标定结果表，见表 3.7.1。

表 3.7.1　VS 型垂直摆倾斜仪格值标定结果表

2005 年 09 月 06 日

分量代码	标定偏角常数				33.51	
	标前时间	电压读数	标后时间	电压读数	标中时间	电压读数
2221	16：11	506.9	16：49	433.4	16：27	862.9
	16：12	502.6	16：50	430.3	16：28	861.0
	16：13	500.4	16：51	427.9	16：29	859.0
	16：14	498.1	16：52	424.9	16：30	856.8
	16：15	486.0	16：53	422.3	16：31	855.0
	16：16	492.9	16：54	419.1	16：32	853.0
					16：33	850.2
					16：34	847.6
	均值 V_1	499.48	均值 V_2	426.32	16：35	846.5
					16：36	844.5
					16：37	842.7
					16：38	840.9
	Lcp（mV）=（V_1+V_2）/2		462.9		均值 Hcp(mV)	851.68
	脉冲幅度 ΔV（mV）		388.78	标定格值 η（$\times 10^{-3''}$/mV）		0.0862
	标定精度（%）		0.67			

标定者：

3.7.2　WEB 仪器操作设置

（1）查询测量参数。

查询仪器当前格值因子、改正数等，如图 3.7.2 所示。

（2）设置测量参数。

设置不能由仪器标定获得的参数，如改正数等，如图 3.7.3 所示。

（3）实时数据。

查询仪器当前采集数据、测量数据和时间等，如图 3.7.4 所示。

3.7.3　数据格式

数据格式详见 2.7.3。

一天的观测数据（EPD 文件）指某日 00h00m00s 至次日 00h00m00s 之前的观

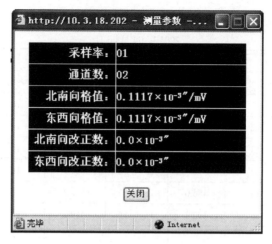

图 3.7.2　查询仪器测量参数

图 3.7.3　设置测量参数

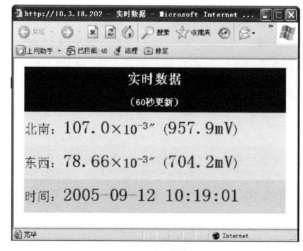

图 3.7.4　实时数据

测数据。

例如：25498 20060318 88888 222XWHYQ0124 01 2 2221 2222 NULL NULL 457.3 321.8 457.2 321.8……

25498 表示所有数据的字节数，20060318 表示 2006 年 3 月 18 日的数据，88888 表示台站代码，222XWHYQ0124 是仪器 ID 号，01 代表采样率（1 样点 / min），2 表示 2 个通道，2221、2222 分别代表北南分量、东西分量，NULL 表示缺测数据，457.3 321.8 表示某一分钟采集的两个通道的数据，457.2 321.8 表示下一分钟采集的数据。

3.7.4　主要配置文件

EP-Ⅲ IP 采集控制器主要升级程序和文件包括 AD 板软件、IP 板软件、网页文件等。见表 3.7.2。

表 3.7.2　主要配置文件表

序号	软件名称	路径及文件名
1	AD 板软件名	C:\update\project\AD\program\VS_AD.hex
2	IP 板软件名	C:\update\project\IP\program\VS_IP.hex
2	网页文件	C:\update\web\VS

3.8　标定与检测

3.8.1　标定原理

垂直摆倾斜仪采用静电力标定方法。静电力标定的基本原理是在动片和定片之间加上一直流电压，在静电力的作用下，动片（即摆）的位置发生偏移，这个偏移量为标定常数。

垂直摆倾斜仪的静电标定原理如图 3.8.1 所示。电容 C_S 选用 1μF 的聚苯乙

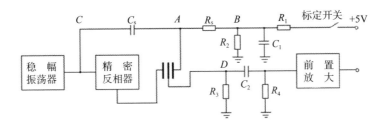

图 3.8.1　静电标定电原理图

烯电容，其容抗为10Ω，故其交流阻抗很小，可视为短路，而其直流阻抗为无穷大。R_S为一阻值足够大的电阻，R_S =5.1MΩ。在这种参数选择情况下，A 点和 C 点的交流幅值相等，A 点和 B 点的直流电位相等，从而使得电容位移传感器和静电标定装置的工作互不干扰，互不影响。

平板电容两极板之间的静电引力 F_e 由公式（3.8.1）求得：

$$F_e = \frac{\varepsilon S}{2d^2}U^2 \qquad (3.8.1)$$

式中，ε 为真空的介电常数，$\varepsilon = 8.85 \times 10^{-12}$ 法 / 米；d 为动片与定片之间的距离，单位为 m；S 为平板电容器的面积，在垂直摆倾斜仪中即为动片的面积，单位为 m^2；U 为动片和定片之间的电位差，单位为 V。

在垂直摆倾斜仪中，标定电压加在定片上，动片面积 S、动片与定片之间的距离 d，在动片与定片之间所加的直流电压 U 均为恒定量，故静电力 F_e 也是一个恒定量。

根据静电力就可计算出摆的方向偏移量 Φ，垂直摆倾斜仪在工作状态时，摆处于铅锤状态，摆位于位置 A；当进行标定时，由于静电力的作用使摆移动至位置 B，这时摆不再处于铅锤状态，产生了一个角度变化量 Φ，如图 3.8.2 所示。Φ 由公式（3.8.2）求得：

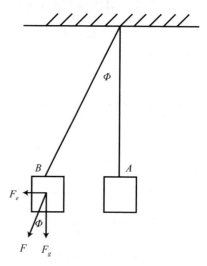

图 3.8.2　静电力示意图

$$\Phi = \mathrm{tg}\,\Phi = \frac{F_e}{F_g} = \frac{\varepsilon S U^2}{mg \cdot 2d^2} \qquad (3.8.2)$$

式中，m 为摆的质量，单位为 kg；g 为重力加速度，单位为 m/s^2。在记录图纸上可量出标定脉冲的高度 L，根据静电力标定可由公式 (3.8.3) 算出格值 η_0。

$$\eta_0 = \frac{\Phi}{L} \times 206265000 \qquad (3.8.3)$$

模拟格值 η_0 为 ms/ 格，当计算数采格值时，格值改为 ms/mV。"格"为模拟图纸上的小格，每格为 2mm。

公式（3.8.4）为标定的实用公式，台站人员采用此格值算出新格值。

$$\eta = \eta_0 \cdot \frac{L_0}{L} \qquad\qquad (3.8.4)$$

式中，η_0 为起始格值，η 为新格值。L_0 为起始标定长度，L 为新的标定长度。

3.8.2 静电力标定方法的操作

标定可分人工控制标定和 IP 数采自动标定两种方法。

（1）人工控制标定。

垂直摆倾斜仪处于记录状态时，加在定片上的标定电压为零伏，这时定片与动片等电位。当开始标定操作时，将标定开关向上拨，这时 +2.5V 基准电压加至定片上，动片和定片之间产生 2.5V 的电位差，由于静电引力的作用，动片（摆）将向定片方向移动。维持开关状态 5 分钟，再将标定开关下拨，续持续记录 5 分钟。然后如此往复 5 次，共 50 分钟完成一次手动标定操作。仪器恢复到正常状态。标定结束后根据公式（3.8.4）算出新的格值。每半年标定一次。标定开关在电源机箱面板上。

（2）自动标定。

利用 EP-Ⅲ数据采集器，在电脑界面上启动标定，数采自动控制标定时间，计算标定幅度，自动生成新格值。

3.8.3 标定与格值计算

（1）选定最佳标定时间。

为了提高标定精度，建议标定时间选择在固体潮汐的小潮期、对应观测曲线变化平稳时段进行。有些台站规定在农历的初八进行，也有些台站规定在农历的二十二进行，这两种标定日期的选择都是可以的，暂不要求统一。

从提高标定精度考虑，选定标定时间有两种方案。

①标定时间选择在固体潮汐曲线变化的平缓时段进行标定，如图 3.8.3(a) 所示，因为在这种情况下固体潮汐曲线随时间的变化最缓慢，得到的标定参量误差亦小。

②标定时间选择在观测固体潮汐曲线的线性最好时段进行标定，如图 3.8.3(b) 所示，因为在固体潮汐曲线线性变化时，得到的标定参数可通过恰当的计算方法将固体潮汐的变化影响消除，提高精度。

分析和比较上述两种方法的标定结果后初步认为，两种方案都能满足标定的精度要求；选用第二种方案在固体潮汐的线性变化时段进行标定时，可获得相对较高的标定精度。

（2）标定的操作和计算。

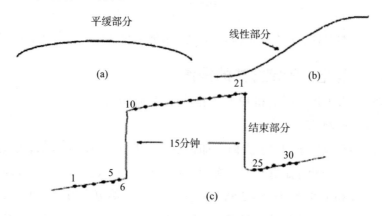

图 3.8.3 标定的最佳时间选定

可由图 3.8.3(c) 来说明。假如在第 6 分钟"开"标定开关，此刻标定开始，经过 15 分钟后，再"关"标定开关，标定操作就此结束。

为了准确计算标定脉冲的幅度，选择 20 个分钟值读数，分成两组。

将数采分钟值的 1 ~ 5、26 ~ 30 共 10 个读数组成一组，并求得平均值 L_{cp}：

$$L_{cp}=\frac{1}{10}(L_1 + L_2 + L_3 + L_4 + L_5 + L_{26} + L_{27} + L_{28} + L_{29} + L_{30}) \qquad （3.8.5）$$

式中，L_i 和 L_{cp} 的单位为 mV。

将数采分钟值的 11 ~ 20 共 10 个读数组成另一组，并求得平均值 H_{cp}。

$$H_{cp}=\frac{1}{10}(H_{11} + H_{12} + H_{13} + H_{14} + H_{15} + H_{16} + H_{17} + H_{18} + H_{19} + H_{20}) \qquad （3.8.6）$$

式中，H_i 和 H_{cp} 的单位为 mV。

从而求出标定脉冲的幅度 $\Delta U = H_{cp} - L_{cp}$

最后由以下公式算出新的格值：

$$\eta = \frac{\eta_0 \Delta U_0}{\Delta U} \qquad （3.8.7）$$

式中，ΔU_0 为初始的标定幅度，η_0 为初始格值，ΔU 为新的格值幅度，η 为新格值。

在计算机上打开垂直摆倾斜仪 WEB 网页服务，只需按下启动标定，EP-Ⅲ 采集器将自动启动标定，40 分钟后自动结束。检查标定结果，如果标定结果误差小于 1%，则标定有效，数采将自动生成新格值。标定后自动生成格值标定表，见表 3.8.1。如果标定结果大于 1%，应重新标定一次。

表 3.8.1　垂直摆倾斜仪格值标定表

2005 年 12 月 8 日代码	标定偏角常数				26.81	
	标前时间	电压读数 (mV)	标后时间	电压读数 (mV)	标中时间	电压读数 (mV)
2221	11:52	−754.8	12:30	−736.2	12:08	−444.0
	11:53	−754.6	12:31	−734.5	12:09	−443.5
	11:54	−754.4	12:32	−734.0	12:10	−443.0
	11:55	−754.1	12:33	−734.4	12:11	−442.4
	11:56	−753.6	12:34	−734.0	12:12	−441.9
	11:57	−753.1	12:35	−733.4	12:13	−441.1
2221	均值 V_1	−754.1	均值 V_2	−734.7	12:14	−440.4
					12:15	−439.6
					12:16	−438.8
					12:17	−438.3
					12:18	−437.9
					12:19	−437.2
	$L_{cp}(mV)=(V_1+V_2)/2$		−744.4		均值 H_{cp}	−440.6
	脉冲幅度 $\Delta V(mV)$	303.75	标定格值 $\eta(\times 10^{-3''}/mV)$			0.08826
	标定精度 (%)		0.52			

标定者：

3.9　维修方法及常见故障

系统收集全国形变台网中垂直摆倾斜仪的运行故障信息，结合仪器厂家提供的资料，经过系统整理完善，编写成故障信息分类、常见故障处置、故障维修实例各部分内容，分别在 3.9 及 3.10 列出，从不同方面阐述仪器故障与处理方法，供仪器使用维修工作中参考使用，因 VP 型和 VS 型较为类似，故障表合在一起罗列，维修请注意故障类型对应的仪器类型，特别是更换芯片时依据实际情况操作。

3.9.1　故障信息分类

垂直摆倾斜仪常见故障及排查方法一览表（表 3.9.1）中，分别列出了仪器故障现象及其特征、故障可能原因分析、故障诊断检测与排除方法。

表 3.9.1　垂直摆倾斜仪常见故障及排查方法一览表

序号	故障单元	故障现象	故障可能原因	排除方法
1	供电单元	远程无法连接仪器	电源部分故障	断电、保险丝熔断 无正电源，7818、7812 或 7805 坏 无负电源，7918、1912 或 7905 坏; 有无电容击穿（烧焦）
2		电源无指示	检查各节点电压，数采电源故障	更换电源模块
3		仪器工作正常，电源指示灯不亮	指示灯损坏	检查插头并插紧
			指示灯接触不良	更换指示灯
4		固体潮汐曲线正常，突然记录直线	电源故障	更换电源模块
5	数采单元	无法连接仪器	网线没有连接好	检查网线连接
			仪器 IP 地址有误	检查仪器网络设置
			网卡错误	等待片刻让系统自动修复。若不行，仪器复位，或更换网卡
6		收取不到数据	系统时间非法，数据文件无法保存	重新对时
			数据文件表被破坏	重启动仪器，若不行则清除观测数据文件重新开始记录
7		不能找到仪器网页或网页有错误	网页文件表被破坏	重启动仪器
			操作系统有某些工具阻止网络操作	检查并解除其阻止功能
8		仪器显示屏错误显示	仪器内部接触不良或干扰	重启动仪器
			显示屏接触不良	检查显示屏接插件
9		系统时间显示错误	受到强干扰	重新对时
			系统电池耗尽，停电后时间无法恢复正常	更换电池
10	传感器单元	固体潮汐曲线为上顶端或下顶端直线	仪器输出超出记录范围	仪器调零
11		固体潮汐曲线正常，突然记录直线	传感器振荡出现问题	更换 4069 芯片
12		仪器记录曲线突然失常，无规律	数据传输线有问题	重新焊接钨丝
13			滤波芯片被雷击	检查维修线路
14			本体内部摆块脱落	重新固定（联系厂家）

续表

序号	故障单元	故障现象	故障可能原因	排除方法
15	传感器单元	固体潮汐幅度正常，曲线过"粗"	低通滤波 2 芯片损坏	更换元器件
16			仪器有接触不良处	检查仪器各接点
17		数据大幅漂移	仪器传感器受潮	更换干燥剂
			垫块生锈	更换垫块
18	标定单元	仪器标定结果不合格	标定时机选择错误	等待时机再次标定
19			标定电压不足	更换 LM336 标准电压芯片
20			仪器受潮，精度降低	仪器除潮
21		仪器调零故障（电机不动）	机械装置传动故障	检查传动装置，使调零电机和调零螺丝咬合
22			马达损坏	更换马达
23			驱动芯片损坏	更换 OPA551 驱动芯片
24	摆体	固体潮汐曲线正常，突然记录直线	钨丝断	更换钨丝
25			本体内部摆块脱落	打开摆体，重新粘接
26	缆线及插头	无信号输出，记录走直线	电缆或插头松动、短路、断路、氧化，接触不良	紧固接插件，连接断线
27	低通滤波		用示波器同步检波输出波形低通滤波：①波形对（半波），低通滤波运放 7650 坏；②同步检波为正弦波，4066 坏。无波形（直线）	①更换 7650，其他正常；②换 4066
28	振荡电路		用示波器检查振荡器波形，无振荡波形（正弦波），振荡器坏	更换振荡板
29	主放大器		①前置放大输出跟随响应（正弦波），主放大运放 741 坏；②前放输出不变（或直线），输入变化，OP37 坏。③前放无输入，摆体损坏	更换 741 更换 OP37 厂家修理

3.9.2　维护维修处置

（1）日常维护注意事项。

①仪器开机运行工作后，应尽量避免人员进出观测仪器室；不要点亮白炽灯热源等，避免温度扰动。

②为防止停电影响，观测仪器应配置不间断电源；不间断电源需定期检查电池电压，并及时对其蓄电池进行充电。

③定期检查数采读数，当数采读数超过 ±1.9V 的范围时，在网上对仪器进行自动调零操作。

④插头与接线板的接触必须保持在良好、可靠的正常状态，若发现其表面严重氧化或接触松动，需及时更换，保证安全运行。

（2）故障排除。

垂直摆倾斜仪的机械部分一般不易发生故障；通常故障多发生在电路部分，造成电路和元器件的损坏；此外，受雷击破坏，也会造成仪器中元件不同程度的受损。

检查电路故障时，通常先用示波器检查同步检波电路的输出波形；若同步检波电路的输出波形正常，再通过蜗轮蜗杆的调节，微调仪器的姿态和倾角；当同步检波器的输出波形大小能相应地变化时，说明主机箱中的振荡器、前置放大器、主放大器及同步检波电路均工作正常，只要检查和修理低通滤波就可以；若低通滤波电路工作不正常，通常需要更换电路中的运放 OP07。

若同步检波器的输出波形不正常，输出波形若是一条直线，则需逐级检查振荡器、前置放大器、主放大器及同步检波电路。首先检查振荡器，若振荡器的输出波形（方波）不正常，波形或幅度不对，或输出为一直线，则需修理振荡器，更换振荡器芯片 4069。若振荡器工作正常，则依次检查前置放大器、主放大器及同步检波电路的增益和波形是否正常。在逐级检查中如发现故障，则逐级进行修理和排除，若同步检波输出的波形不是半个方波，则更换同步检波芯片 4066。

由于检修时要翻动机箱并拉动电缆线，要检查电线是否有拉断和脱落等情况，并检查是否有短路等情况。

不同的仪器有不同的维修关键点，但检测流程基本是相同的。归纳起来，有下面几种检测项目。

①供电：通过查看面板供电指示灯或用万用表测量，确认仪器供电是否正常。

②状态指示灯：通过查看仪器面板状态灯，确认仪器软硬件的工作状态。（参见说明书中的介绍）

③网络：通过 ping 命令、网页、ftp 等，确定工控板的工作状态。

④声音：通过听声音确定仪器是否工作异常，如工控机启动时"嘀"的声音、公用数采继电器通道切换的声音等。

⑤部件温度：供电后触摸各个集成块，看是否有温度异常的。（本操作注意触电和烫伤）

⑥气味：打开机箱或前置盒时注意是否有异味。

⑦元件外观：仔细查看各个元器件的外观，是否有破损、爆裂等。

⑧供电电压：利用万用表检查各个部件和模块的供电电压是否正常。

⑨根据观测曲线的变化，追踪判断引发的故障情况。

（3）维修关键检测点位（表 3.9.2，图 3.9.1、图 3.9.2、图 3.9.3）。

表 3.9.2　常见维修检测关键点位及方法

位置	工具	方法及判断
220V 插座保险丝座	万用表	打开保险丝座，查看保险丝是否熔断
主机输出	万用表	输出电压是否为 ±18V 左右
同步检波、低通滤波（输出）	万用表	一个进洞之后迅速测量同步检波输出电压，再测量低通滤波电压，原理上低通滤波的电压值为同步检波电压值的 10 倍左右，否则低通滤波板的 7650 坏
震荡输出	示波器	查看示波器上震荡输出是否正常；很少出现故障，可以利用调节好的示波器参数测量同步检波
同步检波	示波器	查看示波器的同步检波输出是否正常；如果出现图中图形，轻触摆体底板或旋动调零蜗杆，正弦波会出现上下浮动

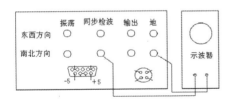

示波器接法示意图

同步检波输出波形

图 3.9.1　低通滤波板易损器件

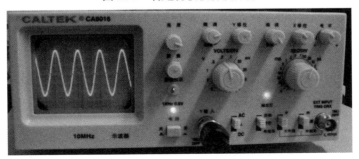

图 3.9.2　垂直摆震荡输出波形

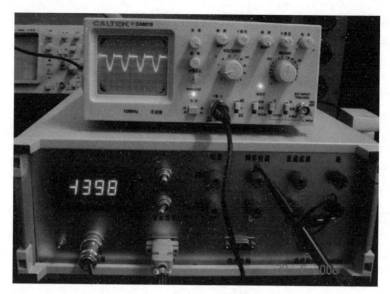

图 3.9.3　VS 垂直摆同步检波测量及输出波形

3.10　故障维修实例

3.10.1　摆体故障（摆体掉落）

（1）故障现象。

代县中心地震台 VP 宽频带倾斜仪北南分量 2013 年 3 月 21 日 11 时 09 分开始传感器输出电压超 2000mV，观测曲线成一条直线，随后在 3 月 22 日台站人员对南北向进行调零，曲线依旧为一条直线，无固体潮汐，见图 3.10.1。

（2）故障分析。

该仪器东西分量观测曲线正常，由此可以推断该仪器数据采集器正常，怀疑

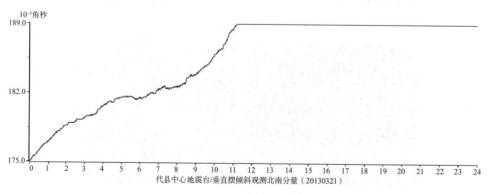

代县中心地震台/垂直摆倾斜观测北南分量（20130321）

图 3.10.1　VP 宽频带倾斜仪故障曲线

仪器北南向前置放大盒或本体有故障。

（3）维修方法及过程。

现场检查，仪器主机及前置放大盒供电均正常，但北南向前置放大盒输出波形不正常，由此怀疑北南向摆体或前置放大盒有故障。2013年4月，厂家技术员到代县台对该仪器进行维修，打开北南向本体后，发现本体内摆体掉落，对摆体进行重新安装，并更换吊丝，仪器恢复正常。

3.10.2 摆体故障（钨丝断）

（1）故障现象。

仪器运行中，突然数据杂乱无章，见图3.10.2。

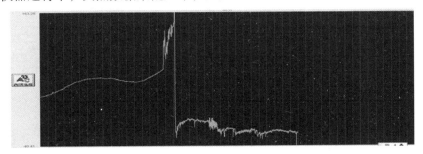

图3.10.2 VP宽频带倾斜仪故障曲线

（2）故障分析。

按压仪器底盘两个方向脚，仪器无数据变化，怀疑主体摆系故障。可能是摆系故障包括大震之后钨丝拉断或者疲劳折断；也可能是运输过程中，由于受到震动，并且进洞温度冷热不均，造成摆系断裂。

（3）维修方法及过程。

更换钨丝，更换传感器。

3.10.3 摆体故障

（1）故障现象。

双阳台垂直摆倾斜仪东西分量曲线有固体潮汐，出现不规则畸变之后一直持续，见图3.10.3。

（2）故障分析。

①故障发生当天无雷电发生，无停电断电现象。

②检查东西分量信号线缆，线缆完好，没有接头和破损，检测放大板和振荡

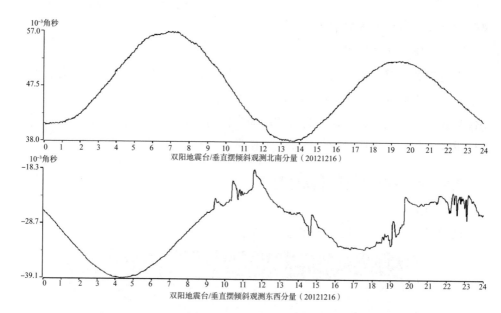

图 3.10.3　摆体故障曲线

板卡无故障，初步怀疑摆体故障。

（3）维修方法及过程。

检查北南分量信号线缆，线缆完好，没有接头和破损。用示波器检测东西分量摆体输出信号，发现信号极不稳定，对北南分量和东西分量信号线对换，确定为东西分量摆体故障。

厂家技术人员现场维修。

3.10.4　摆体故障（钨丝断）

（1）故障现象。

2013 年 11 月 4 日因山洞施工改造，垂直摆仪器受到冲击，当时北南向数据超出量程，调零后日变幅度一直保持在 4 ～ 6ms 状态，与以往 20 ～ 40ms 的日变幅度相差甚远，但观测曲线有正常固体潮汐形态，见图 3.10.4。11 月 10 日、19 日分别进行标定，北南向标定精度超限，标定幅度为 40 ～ 60mV 左右，远远达不到正常标定幅度 400mV，与厂家联系认为是北南向摆体灵敏度降低所致。

（2）故障分析。

根据以上现象分析，认为垂直摆北南向仪器本体出现故障。

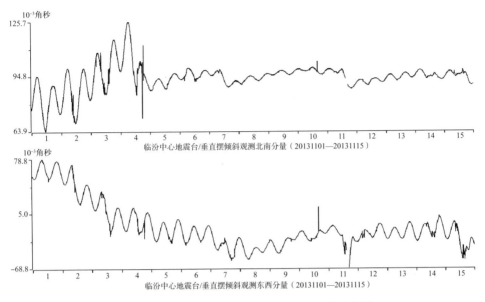

临汾中心地震台/垂直摆倾斜观测北南分量（20131101—20131115）

临汾中心地震台/垂直摆倾斜观测东西分量（20131101—20131115）

图 3.10.4　垂直摆 2013 年 11 月 1—15 日分钟值图

（3）维修方法及过程。

断开北南向信号传输线进行故障查寻（东西向未断开），并未切断电源，经开摆检查发现是传感器与前置放大器连接线——钨丝断开，钨丝正常工作时电阻值为 20 ~ 30Ω，而当下实际测量值为无穷大。重新焊接钨丝后开始观测，因维修过程中对摆体造成一定冲击，北南向数据极不稳定，经过数次调零后，对仪器进行标定，结果合格，工作正常，见图 3.10.5。

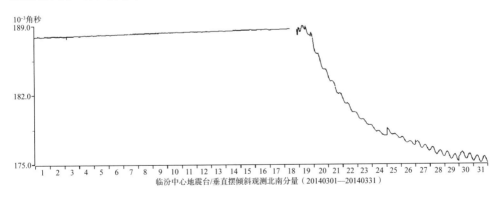

临汾中心地震台/垂直摆倾斜观测北南分量（20140301—20140331）

图 3.10.5　垂直摆北南向维修前后曲线图

（4）经验与体会。

由于该垂直摆为"十五"数字化首批实验仪器，仪器运行十年以上，元器件的电气参数可能在受到外界干扰时发生变化，对仪器的正常观测造成影响。

3.10.5　数采故障（存储卡故障）

（1）故障现象。

数据不能正常读取、存储。表现为网络指示灯不亮，存储灯不亮。

（2）故障分析。

存储卡故障。

（3）维修方法及过程。

打开数采，取出存储卡，清理金手指，重新插入即可。

3.10.6　数采故障（死机）

（1）故障现象。

数采运行过程中，无故死机，重新开机后，运行不长时间又死机。

（2）故障分析。

数采故障。

（3）维修方法及过程。

启用备用数采，返厂更换部件。

3.10.7　数采故障（自动校时错误）

（1）故障现象。

前一天数据从 23:41 开始缺数，手动收集当天数据正常。

（2）故障分析。

当天数据正常表示仪器主机工作正常，缺数可能由于数采的原因导致。

（3）维修方法及过程。

现场检查没有发现异常情况，下载仪器工作日志查看，发现 23:40 有一个仪器自动校时之后时间就变成 00:01 了。由此判断为仪器自动校时错误所致。经与厂家联系，发现该 EP-Ⅲ 数采确实每天 23:40 自动校时，见图 3.10.6。

更换数采，恢复正常工作。

图 3.10.6　仪器工作日志

3.10.8 电源故障（电源适配器故障）

（1）故障现象。

数采不稳定，记录数据时断时续。

（2）故障分析。

一般是适配器故障造成。

（3）维修方法及过程。

拔下适配器电源，用万用表测量，输出电压不稳定，远未达到12V，更换适配器后工作正常。

3.10.9 供电故障（供电线路氧化锈蚀）

（1）故障现象。

记录曲线变化幅度小，几乎为直线。

（2）故障分析。

放大电路或者钨丝断开。

（3）维修方法及过程。

检查前置放大电路的输出和输入有信号，确认钨丝正常。测量前置放大模块的供电，发现随着晃动，前置供电线路的接口电压很不稳定。重新焊接供电线路时发现供电线路锈蚀严重，无法焊接，更换该供电线路后仪器恢复正常。

3.10.10 电源故障（电源连接线出现松动，或者受到强电干扰）

（1）故障现象。

仪器运行出现规律的、频繁的毛刺，见图3.10.7，注意是规律的毛刺，而且固体潮汐长期看较为稳定。

（2）故障分析。

此故障可能是仪器北南向供电出现问题，检查电源连接线是否松动或接触不良。

（3）维修方法及过程。

把仪器后端的线缆整理清楚，接插件重新插拔后问题解决。

3.10.11 主机故障

（1）故障现象。

记录无固体潮汐。

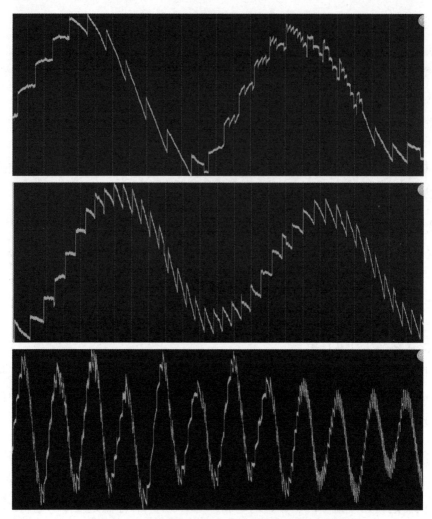

图 3.10.7　VP 宽频带倾斜仪故障曲线（电源故障）

（2）故障分析。

对于此类故障，具体检修一般按以下流程进行分析：

查外观，电线是否完好（无数据，杂乱）；

垫块是否生锈（跳格等现象）；

仪器供电是否雷击以后故障；

查同步检波有否。若有，则排除仪器本体故障；若无，继续查振荡信号是否正常，同步检波信号是否正常，若正常，查前放、主放是否正常；

若无前放信号，则怀疑摆丝断开，或者摆系断裂。

（3）维修方法及过程。

主要为振荡电路未起振故障。表现为断电后，数据是 0，并一直持续。同步检波信号为一直线，更换 4069 整形芯片（位于底盘上盒子内）。雷击后仪器数据杂乱，更换低通滤波 2 芯片 OP07（位于调零盒内）。电源故障，由于工作环境较恶劣，长时间工作的电源芯片有可能出现故障。因此当仪器不正常的时候，首先检查各个芯片供电是否正常，主要是 ±5V、±6V、±12V 是否正常，若不正常，更换即可。

3.10.12　主机故障

（1）故障现象。

2015 年 12 月 29 日，在标定乌什台 VP 垂直摆时发现，北南分量标定结果正常，东西分量标定重复精度明显超标。东西分量观测曲线经常出现大幅度突跳、掉格现象，见图 3.10.8。

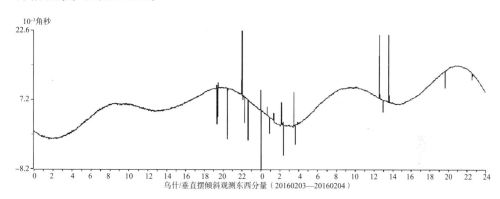

图 3.10.8　乌什台 VP 垂直摆东西分量大幅度突跳、掉格

（2）故障分析。

按照垂直摆仪器工作原理和标定原理及各组成部分的功能，初步判断造成垂直摆东西分量不能正常标定的可能原因有：标定装置故障；标定装置到摆体的连接线或接头出现问题。

造成东西分量数据曲线大幅度突跳、掉格的可能原因有：摆体与放大盒及放大盒至数采之间的连线、接头有接触不良的地方；摆体悬丝悬挂不平衡，存在扭力；摆体定片与缸体的间隙不均衡。

（3）维修方法及过程。

现场检查发现，东西分量标定装置连接线的接头接触不良、阻值较大，重新焊接后标定正常。

再检查、重新处理数据线及接头，打开摆体罩，测量钨丝线阻，发现线阻偏大（可能是潮湿、接触不良等原因导致的），更换钨丝，测量线阻在正常范围内。

发现曲线仍有掉格现象，且曲线形态不正常。检查震荡和检波电路、多次更换 4069 芯片和检波控制芯片后，示波器显示输出波形正常，但试记结果表明，曲线仍有掉格现象，且曲线形态不正常。再次打开摆体，取出定片，仔细擦拭定片氧化和生锈处，更换悬挂定片的两根悬丝，调整定片间隙后试记，数据曲线形态仍不正常。再次打开摆体，调整定片间隙和平衡，用示波器检测后试记，曲线日变形态恢复正常，突跳、掉格现象消失，仪器恢复正常工作。

（4）经验与体会。

本次乌什台垂直摆东西分量维修，进行了全面、细致的检查，排除了故障点和故障隐患，最终使仪器恢复正常工作。

3.10.13　前置盒故障（雷击）

（1）故障现象。

仪器记录曲线呈一条曲线。

（2）故障分析。

发生故障时为雷雨天气，放大电路可能遭雷击。

（3）维修方法及过程。

使用示波器测试同步检波信号发现没有正弦半波，按动摆体时记录曲线没有反应，测试振荡信号为正常，确定为摆体没有信号输出。打开前置放大器的封装盒，用示波器测量前置放大模块 OP37 的第 6 脚，发现没有输出波形，但是 OP37 的供电和输入（OP37 的第 3 脚）信号正常，确定 OP37 受雷击故障。更换 OP37 后，仪器恢复正常。

3.10.14　VS 型前置盒故障（低通滤波电路遭雷击）

（1）故障现象。

2013 年 7 月 8 日赤城台值班人员做数据预处理时发现 7 月 7 日 20 时后垂直摆 EW 向数据无固体潮汐，调取当天数据后也没有固体潮汐。

（2）故障分析。

①数据能收取到数据说明网络链路、协转器等设备工作正常。

②故障当天赤城有比较大的雷雨，初步怀疑本次故障为雷击所致。

③由于该台垂直摆为"九五"仪器，数据采集器是公共数采，其他仪器的数据采集正常，初步判断仪器或者该测项的测道有问题。

（3）维修方法及过程。

用万用表测量仪器配线箱，发现该测项输出超量程，初步判断仪器故障。

进洞用万用表测量山洞主机的同步检波和低通滤波的输出电压值，发现没有10倍左右的关系。

更换低通滤波板的7650放大模块后，仪器恢复正常工作。

3.10.15　VP 型调零故障（装置机械故障）

（1）故障现象。

调零指令发出后，仪器读数没有变化。

（2）故障分析。

倾斜仪调零装置见图3.10.9，零位偏离较远，一次未能调整到位。15分钟后再发出一次指令即可。在零位 ±500mV 停止；若3次指令依旧未有动静，则大多为机械装置故障，例如机械部分卡死、脱开或装置已调到最高位（卡死）。

图 3.10.9　倾斜仪调零装置

（3）维修方法及过程。

检查电机及标定驱动电路，调整调零机械装置。

3.10.16　标定故障（驱动电源模块）

（1）故障现象。

打开标定开关后，标定系统没有启动，仪器没有反应。

（2）故障分析。

由于仪器工作正常，初步怀疑标定电路出现问题。

（3）维修方法及过程。

标定电路主要由主机中的7805供电模块和反向器中的LM336基准电压模块组成。首先打开标定开关，测量主机中7805输出，发现有+5V，排除主机中故障；再打开摆体旁边封装反向电路的盒子，测量LM336，无2.5V输出，确认LM336故障，更换LM336后标定成功。

3.10.17 调零故障（单分量标定故障）

（1）故障现象。

EW 分量调零不响应，NS 调零正常。

（2）故障分析。

单分量调零故障一般可以判定调零驱动、控制电路公共部分正常。

进山洞检查马达电机是否供电，打开调零电路盒子，短路调零电路板中箭头所示的位置，见图 3.10.10，此处短路等同于电脑发出调零指令，然后用万用表直流 20V 电压档检查箭头右侧 MD 两脚间的电压是否为 3.3V，若不是，则调零电路出现故障。

图 3.10.10　VP 宽频带倾斜前置盒

（3）维修方法及过程。

轮流更换铅笔头下方的 4 个芯片，进行检查，MD 两脚间电压若是 4.3V，则需要维修马达机械机构。

3.10.18 静电干扰

（1）故障现象。

固体潮汐形态存在，但数据明显叠加干扰信息，数据紊乱，见图 3.10.11。

（2）故障分析。

检查仪器各部分状态，一般先从干扰源查找入手，首先怀疑有静电干扰。

（3）维修方法及过程。

把仪器外壳罩子接地，静电去除，仪器恢复正常。

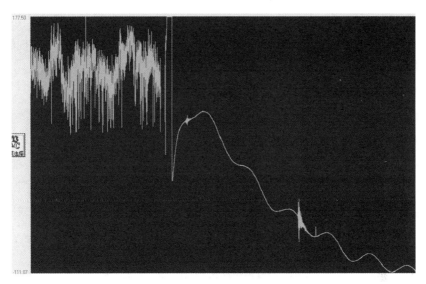

图 3.10.11　VP 宽频带倾斜仪故障曲线（静电干扰）

3.10.19　信号线路故障（老鼠咬断线路）

（1）故障现象。

下午仪器维修完成后，曲线开始恢复，但是晚 8 时多开始曲线突跳，直至曲线变为直线，见图 3.10.12。

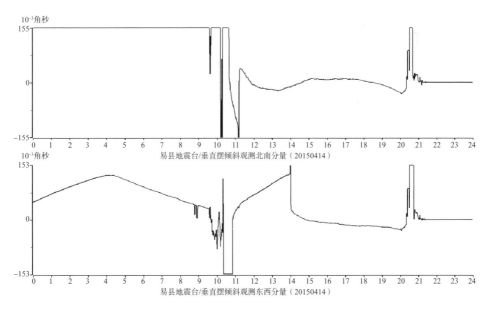

图 3.10.12　VP 宽频带倾斜仪故障曲线（信号线路故障）

（2）故障分析。

由于刚刚完成维修，未见仪器有异常的地方，鉴于在维修过程中发现洞室内有老鼠活动的迹象，初步怀疑为老鼠啃咬所致。

（3）维修方法及过程。

进入山洞后发现垂直摆洞室门口的线路被咬断，重新连接后正常。

（4）经验与体会。

由于该仪器为临时放置在该洞室，所以走线不规范，门无法关紧。维修中，台站人员为了关紧 pvc 门，将门角做了处理，使电线可以放置进去关紧门。这样做可能影响了已经在洞室内的老鼠的活动，故而其将电线咬断。后期将线路穿管进洞室，并将各空隙用泡沫胶封死。

3.10.20　线路故障（摆体和主机的接口生锈）

（1）故障现象。

仪器记录曲线畸变，多毛刺。

（2）故障分析。

可能由于线路接触不良、受潮漏电所致。

（3）维修方法及过程。

用示波器测试同步检波曲线时，发现摆体和主机连接的 DB-9 接口生锈严重，更换接口后恢复正常。

3.10.21　线路故障（老鼠噬咬线路）

（1）故障现象。

2010 年 9 月 20 日赤城台垂直摆南北向和东西向同时开始大幅度变化，由于仍然存在固体潮汐，值班人员进行持续关注，东西分量于 22 日出现断续的超量程现象。

（2）故障分析。

查看故障前的仪器输出信号电压，并未达到需要调零的程度，初步判断为异常或仪器故障。23 日进洞测量供电电压和输出电压，未发现异常，24 日观测曲线开始恢复。27 日开始南北向和东西向都超量程，28 日对洞内主机的电源电压、输出电压进行测量，发现供电电压不稳。由于主机输出电压稳定，所以判断为中间线路故障。对供电和信号线路进行排查，发现在信号线穿山洞墙比较隐蔽的中间位置线路已被老鼠咬断。

（3）维修方法及过程。

重新焊接电路后仪器恢复正常。

3.10.22　主机故障

（1）故障现象。

双阳台 VS 垂直摆倾斜仪遭雷击后，北南、东西分量曲线开始出现不规则扰动，东西分量的扰动非常明显，见图 3.10.13。

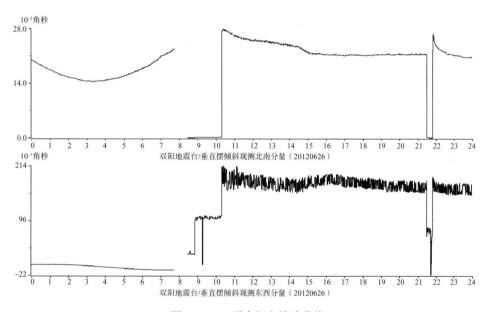

图 3.10.13　雷击板卡故障曲线

（2）故障分析。

①该扰动在雷击后出现，查看显示屏幕的当前数据，发现数据与前一天数据相差很多。

②查看同一时间段其他仪器的曲线，其他仪器记录固体潮汐均清晰、雷电期间有轻微扰动，但不是很明显，判断与电源等公共设备无关。

（3）维修方法及过程。

将主机内的北南、东西信号板和放大板取出，更换芯片备件，问题得到解决。

4 SSQ-2I 型水平摆倾斜仪

4.1 仪器简介

SSQ-2I 型数字石英水平摆倾斜仪由石英水平摆体、电涡流位移传感器、数据采集器、工控机、光电隔离器、稳流稳压源、胀盒标定器等部件组成。SSQ-2I 型仪器具有灵敏高稳、定性好等特点，具备网络功能，格值范围为 0.3 ～ 0.5 毫角秒 /mV（相应的模拟记录 0.3 ～ 0.5 毫角秒 /mm），可根据观测需要，调节灵敏度使用。

4.2 技术指标

4.2.1 主机指标

（1）线性度：±(0.02% 读数 +0.005% 满度值) 0 ～ 40℃。

（2）动态范围：大于 100dB。

（3）测量通道：2 道。

4.2.2 传感器指标

（1）量程：±2mm。

（2）灵敏度：8 ～ 15mV/μm。

（3）线性度误差：小于 0.8%.F.S。

4.3 仪器测量原理

图 4.3.1 为水平摆摆系原理示意图。图中摆锤平衡位置处于重力位能最低点，这是一种稳定平衡状态。A、B 两点在近乎与底板的同一垂直线（小夹角 i 角）上，并在这两点固定两根石英吊丝。这两根石英吊丝分别和一水平石英摆杆上的 C、D 点连接。摆系形成一个假定的旋转轴，此轴通过 A、B 两点。当地面在垂直于 i 角平面倾斜时，摆杆绕旋转轴偏转，通过电涡流传感器把摆端的位移变成电信

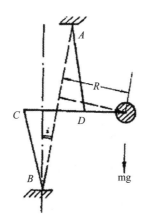

图 4.3.1 水平摆摆系原理示意图

号输出。该电信号可以传送到电压模拟记录器记录成曲线，也可传送到电压数据采集器转变为数字，进而采用计算机进行处理 / 传送 / 存储。

根据 Zollner 双吊丝悬挂原理制成的水平摆的平衡方程及运动方程，可以获得以下关系式：

$$\varphi = \frac{\psi}{i + \eta / mgl_0} \qquad (4.3.1)$$

$$T = 2\pi \sqrt{\frac{l_0}{g(i + \varepsilon)}} \qquad (4.3.2)$$

$$C = \frac{4\pi^2 l_0}{B \cdot gT^2} 206265 \qquad (4.3.3)$$

式中，φ 为摆杆的偏转角；Ψ 为地倾角；i 为摆杆的旋转轴与铅垂线在摆杆平面里的夹角；η 为上下两根吊丝的扭力系数；m 为摆的质量；g 为重力加速度；l_0 为折合摆长；ε 为 $\dfrac{\eta}{mgl_0}$；T 为摆的自振周期；B 为与传感器、放大器有关的电学常数；C 为仪器的格值。

4.4 仪器结构

SSQ-2I 测量系统由石英水平摆体、电涡流位移传感器、数据采集器、稳流稳压源、胀盒标定器等主要部件组成。各设备之间的连接如图 4.4.1 所示。

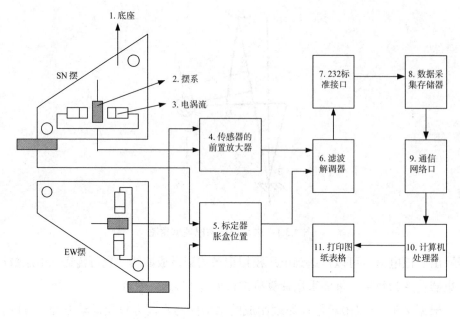

图 4.4.1　SSQ-2I 石英水平摆倾斜仪结构示意图

4.4.1　传感器连接

安装好传感器后，按前置换能器接线要求接通电源，传感器电源电压 ±15V 接线端和公用端地为输入端，SN 向信号、EW 向信号及公用端地输出端如图 4.4.2 所示。传感器安装位置的调整应使得传感器输出电压在输出特性曲线的线性区域中间。

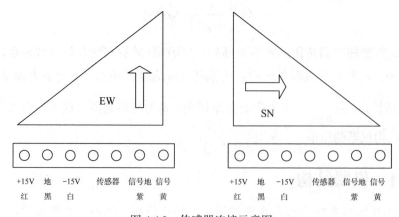

图 4.4.2　传感器连接示意图

4.4.2　主机

（1）SSQ-2I 前面板。

SSQ-2I 前面板平时显示当前的时间。在测量过程中交替显示 SN 向及 WE 向的测量值、每分钟测量的 SN 向毫角秒值、WE 向毫角秒值。用"监控／运行"开关可灵活地进行手控标定操作和显示内容间的切换，见图 4.4.3。

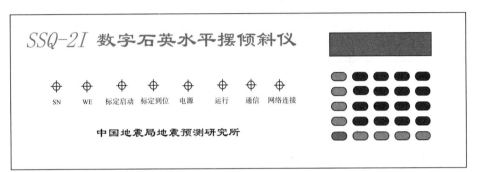

图 4.4.3　SSQ-2I 前面板

面板指示灯从左往右排列序号如下所示：

①SN：SN 采数时亮。

②WE：WE 采数时亮。

③标定启动：自动标定启动时亮。

④标定到位：自动标定到位时亮。

⑤电源：220V 电源接通时亮。

⑥运行：PC104 接通时闪亮。

⑦通信：连通时闪亮。

⑧网络：连通时闪亮。

（2）SSQ-2I 后面板（图 4.4.4）。

①七芯信号插头：连接 NS、WE 摆信号及前置放大器 ±15V 电源。

② 七芯标定插头：连接步进电机及光电传感器。

③ 前面板显示器开关。

④ 运行／监控开关。

⑤复位按钮：用于主机复位。

⑥ 鼠标插头。

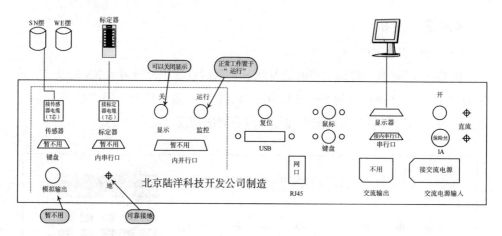

图 4.4.4　SSQ-2I 后面板

⑦外接显示器插头。

⑧ 键盘插头。

⑨ RJ45 网络连接口。

⑩ 交直流电源输入。

⑪ 保险丝盒。

主机山洞输入信号及山洞标定输入七芯插头序列排号见图 4.4.5。

标定板连接图序列排号见图 4.4.6。

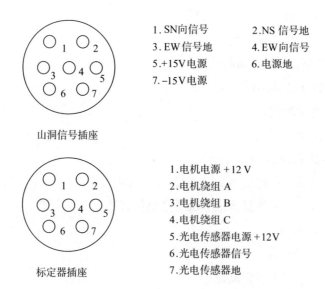

1.SN向信号　　　2.NS 信号地
3.EW信号地　　　4.EW向信号
5.+15V电源　　　6.电源地
7.−15V电源

山洞信号插座

1.电机电源 +12 V
2.电机绕组 A
3.电机绕组 B
4.电机绕组 C
5.光电传感器电源 +12V
6.光电传感器信号
7.光电传感器地

标定器插座

图 4.4.5　信号及标定器插座引脚定义图

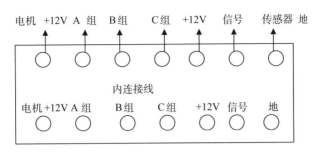

图 4.4.6　标定板连线图

（3）内部结构（图 4.4.7）。

主机由上位机、下位机两部分组成。上位机为 PC104 工控机，下位机是以单片机 80C31 为核心的测量系统。整个仪器由 PC104 工控机管理，下位机在 PC104 的管理下完成测量过程。下位机由主控板、滤波及 A/D 转换板、标定驱动控制板、键盘显示板和电源板组成。

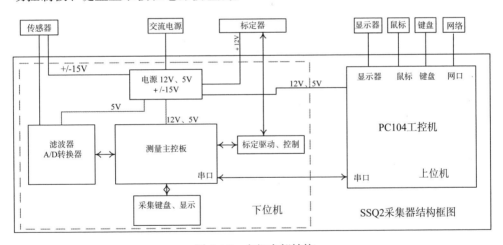

图 4.4.7　主机内部结构

4.5　电路原理及图件

4.5.1　电涡流传感器原理

电涡流位移传感器是典型的非接触式换能器，由前置器和带电缆的探头两部分组成。SSQ-2I 数字倾斜仪使用差分式双探头电涡流传感器。

如图 4.5.1 所示，前置器产生的高频信号通过电缆送到探头头部内的线圈，在探头头部周围产生交变磁场 H_1。如果在磁场 H_1 的范围内没有金属导体材料接近，则发射到这一范围内的能量都会全部释放；反之，如果有金属导体材料接近

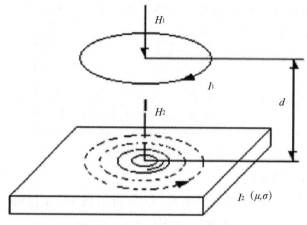

图 4.5.1　电涡流作用原理图

探头头部，则交变磁场 H_1 将在导体的表面产生一个方向与 H_1 相反的交变磁场 H_2。由于 H_2 的反作用会改变探头头部线圈高频电流的幅度和相位，即改变了线圈的有效阻抗。这种变化既与电涡流效应有关，又与静磁学效应有关，还与金属导体的电导率、导磁率、几何形状、线圈几何参数、激励电流频率以及线圈到金属导体的距离等参数有关。通常用金属导体的磁导率 μ、电导率 σ、尺寸因子 γ、线圈与金属导体距离 d、线圈激励电流强度 I 和频率 ω 等参数来描述。因此线圈的阻抗可用下列函数表示：

$$Z = f(\mu, \sigma, \gamma, I, \omega) \qquad (4.5.1)$$

　　如果控制 μ、σ、γ、I、ω 恒定不变，那么阻抗 Z 就成为距离 d 的单值函数。当仪器被测金属摆锤靠近探头时，将在金属摆锤表面产生涡流再经前置换能器转化成电压输出。

　　前置换能器原理见图 4.5.2，它由一只电容与传感器线圈并联，组成 LC 谐路，当电感线圈与被测体的距离发生变化时，电感线圈的 Q 值发生变化，因此 LC 振荡器输出一个调幅波，经检波后由跟随器输出电压值。

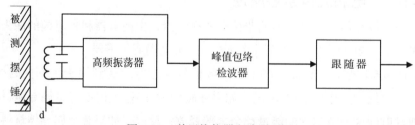

图 4.5.2　前置换能器电路原理图

4.5.2　水平摆倾斜仪原理图介绍

（1）前置换能器电路。

石英晶体接在 C-B 之间，组成皮尔斯 C-B 石英晶体振荡电路。I1、I2 两组电感线圈与电容并联的谐振回路构成了电桥两臂，由两只阻抗 R14、C17、R15、C18 构成电桥的另外两臂，组成差动电桥，被测导体放在两只线圈垂直平面的中间。移动被测导体，其输出电位发生变化，使位移变成电信号输出。如图 4.5.3 所示。

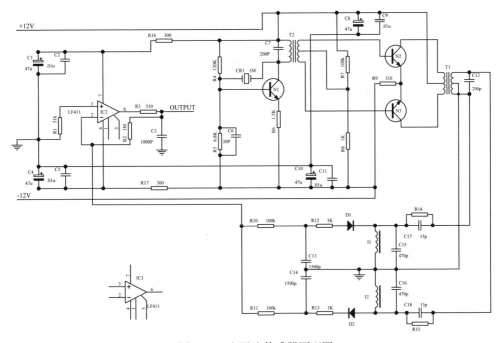

图 4.5.3　电涡流传感器原理图

（2）A/D 转换电路。

A/D 转换器的核心是 AD7710（U1）。AD7710 是美国 AD 公司生产的 Σ- Δ 型 A/D 转换器，它具有以下特点：

① 24 位非易失码，动态范围可达 140dB。

② 线性误差最大为 ±0.0015%，典型值为 ±0.0003%（0 ~ 40℃）。

③ 双通道差分数入。

④ 从 1 到 128 的可编程增益。

⑤ 可编程低通数字滤波。

⑥ 可读 / 写操作的标准字数。

⑦ 双向微处理器控制的串行接口。

⑧ 内 / 外基准源选择。

⑨ 单 / 双向电源。

⑩ 低功耗，典型值为 25mW，在节电模式为 7mW。

为了能够获得稳定的数据，AD7710 与 MCU 之间加入光隔离器。光隔离器件采用的是隔离电压高、速度快、共模抑制比强的 6N137。如图 4.5.4 所示。

4.6 安装与调试

仪器的安装分两部分，在仪器室安装摆本体、传感器及标定器，在记录室安装数据采集器、稳压稳流电源等。

4.6.1 水平摆本体的安装

水平摆本体安装时的注意事项如下：

（1）把仪器墩及摆本体擦拭干净。尤其是底垫块的孔、调平脚螺钉的顶尖更应注意擦干净。如果仪器墩在放置底垫块的部位不够平整，可以用旧砂轮打磨仪器墩，使底垫块与仪器墩接触良好。胀盒不仅要擦干净，还要用水准器校正水平。安装时要注意摆本体的方位。摆杆的方位与正南北或正东西偏差不能超过 0.1°。

（2）安置好摆本体后，在底垫块的孔里及调平螺钉、螺母上注少许缝纫机油，以防锈蚀并起润滑作用，但不能涂黄油或凡士林等油脂，以免影响仪器的稳定性。

（3）把摆本体的脚螺钉放入底垫块孔内后，要旋转一下底垫块，检查脚螺钉是否真正放在底垫块的孔内。如果摆本体的方位不正，可以轻轻移动底垫块。调整摆本体的方位。

（4）布设从摆房到记录室的电缆，根据摆房到记录室的距离，架设一根七芯屏蔽电缆，每芯线径 φ0.3mm，长度按要求来定，七芯电缆三根供传感器输入端 ±15V 电源及公用端，另外四根为东西向、南北向的信号线及公用端的输出。电缆从摆房到记录室最好用整根线，如果中间有接头，则每芯都要单独焊接，并用防潮胶布包好密封，以保证良好的绝缘性能。另外，还需架设一根七芯电线（最好也是电缆），线径 φ0.3mm，用于标定的四根线为步进电机引线，另三根为光电传感器专用。

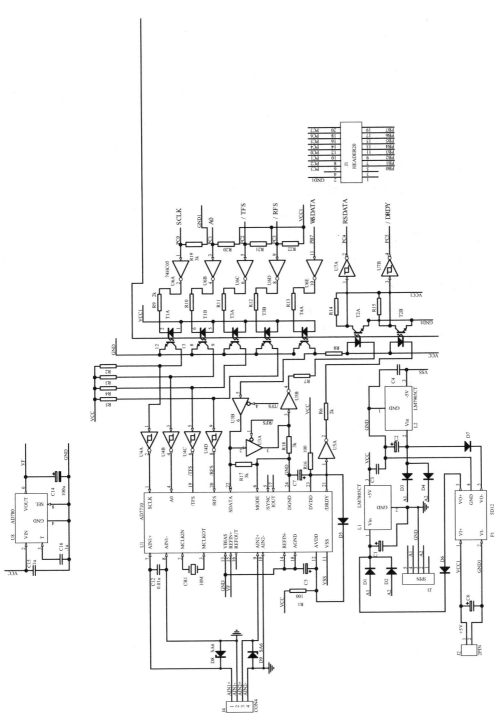

图 4.5.4 A/D 转换电路原理图

（5）在记录室安装数据采集器、稳压稳流电源等。仔细检查每根线接得是否正确，然后才能打开电源。

4.6.2　摆本体及电涡流传感器的调节

（1）第一步打开仪器罩：摆的方位定好并安放妥当位置后，打开仪器罩，先拧下仪器罩上四只固定螺钉，并用改锥在仪器罩下面轻轻把罩撬起，注意防止仪器罩密封橡胶圈脱落，然后垂直向上提起一定高度并取下仪器罩。注意在取仪器罩时位置提得高一些，防止碰坏石英摆系统。

（2）第二步安装电涡流传感器：打开仪器罩后，第一步是安装电涡流传感器的前置放大盒，把前置盒放入夹摆器的方框中，用顶丝顶牢，注意：把两个探头放到离石英系统远一点的位置，以防不小心碰坏系统。然后把前置放大器盒的引出五芯电缆线从仪器底板的 φ6 孔中穿出，再把记录室引进的七芯电缆线按编号与山洞南北摆和东西摆的连线相接，此时请注意：要先把南北摆和东西摆的正电源并在一起，负电源并在一起，地线并在一起，南北向信号线独立，东西向信号线独立，并甩出两个方向的信号线头和地线的头，连接一个四芯航空插头，用于以后调节仪器的零位时连接数字万用表的检测头。现在为了安装的简便和便于检查故障，把在山洞直接连线改为山洞连线盒的方式连接，即 NS、EW 两个方向分开用防水镀金密封航空插头直接插入。图 4.6.1 为示意图（如果湿度 ≥ 100% 时还是用直接连线法比较好，两种连接方式可灵活应用）。

图 4.6.1　洞体连线盒示意图

（3）第三步松开夹摆装置：用左手食指托住摆锤端的摆杆，右手反时针方向慢慢地旋转夹摆器的手轮，以防突然松开夹摆器的装置而拉断吊丝，待夹摆器松开，摆锤脱离了两边夹板后，托住摆杆的手可随着吊丝慢慢地拉直，左手便轻轻地离开摆杆后，可以把夹摆器两夹板的间隙调到最大位置，就可以安装传感器探头。

（4）第四步调节摆的周期：通过调节摆本体上的调平脚螺钉（图 4.6.2），其

中 V_1 为支撑螺钉，V_2 为位移螺钉用来调节摆杆的偏转，V_3 为灵敏度螺钉用来调节摆的周期 T_0 通过调节 V_3 螺钉，把摆的自振周期调到 8 秒左右。然后安装传感器的两个探头，注意此时摆处于自由摆动的状态，装探头时要非常小心，以防碰断吊丝。先把摆锤调到靠夹板的一边，另一边把探头从夹板的 φ14 孔中穿出，让探头的金属套出现一个小边并以夹板平行，此时探头面需平行不能翘起，位置要平和正，然后用顶丝顶牢，固定好探头。再调节 V_2 脚螺钉让摆锤靠向装好探头的一

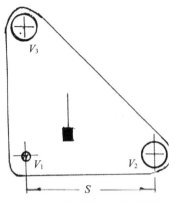

图 4.6.2　调平脚螺钉示意图

边，再按上述方法装另一边的探头，探头装好后，可用数字万用表直流电压挡来准确地调摆的固有应用周期 T，摆幅大时可把电压挡放在 20V 处，摆锤在两个传感器探头之间摆动会出现交替的正负电压值的变化，此时可用秒表记一个周期的时间，即出现正电压时，按下秒表。当摆动一周再出现此正电压值时，按下秒表就正好是一个周期。周期调好后，正转手轮把摆锤轻轻夹住，再反转手轮三圈。使松开的摆锤与探头之间有 ±3mm 间隙（每边各 3mm），此时仪器调节完毕，盖上仪器罩。用万用表测量输出信号，轻轻调节 V_2 螺钉，使输出电压达到正负 200mV 内居中位置。一台摆调好后再调另一台摆，两台摆都调好后，等稳定一天后再重新检查输出电压是否在 200mV 以内的居中位置，偏离过大再轻轻调节 V_2 螺钉，使之尽量居中，待仪器稳定后可以用胀盒准确地标定仪器的格值。

4.6.3　标定装置安装

（1）灌注水银。

把水银杯与胀盒用尼龙管连接，接头处用铁丝捆紧，打开水银杯的吊环螺钉。用小漏斗插入此孔注入水银，并不断抖动尼龙管，使管内空气排出，待水银注满到水银杯的红刻线为止，慢慢松开胀盒的排气孔螺钉，使胀盒中的空气排出，并使水银由此孔溅出少许，然后拧紧排气孔螺钉，并补注一些水银到水银杯的红刻线为止，共计需用水银 3.5 ~ 4 公斤的量（图 4.6.3）。

注意：灌注水银工作应在室外进行，以防溅出的水银遗留在室内。水银在常温下能蒸发成水银蒸汽，对人体有害。灌注水银时把胀盒及水银杯盛在盘中，以

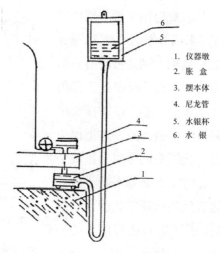

1. 仪器墩
2. 胀 盒
3. 摆本体
4. 尼龙管
5. 水银杯
6. 水 银

图 4.6.3　水银杯示意图

防水银溢出，并可以收回溅出的水银，最后在水银杯中注入一些水或机油可以防止水银蒸发。

（2）安装转梁。

把变速箱固定在墙上，它与仪器墩上胀盒的相对高差约为 1 米。把转梁固定在变速箱的轴上，并把水银杯挂在转梁上，在转梁的另一头对称位置固定平衡锤。通常选用两者相距 45cm。

注意事项：

①平衡锤必须固定在水银杯相对称位置转梁的背面，以防转动时尼龙管绕在平衡锤上。

②变速箱内应注润滑油，以保持运转正常。步进电机的 4 根线及光电传感器的 3 根线都需固定在墙上，以防转梁转动挂住。

③测量摆本体底脚的间距，在一块平板上铺上一张白纸，把摆本体放上，再取下摆本体，则它的底脚螺钉尖端在白纸上留下三个凹痕，用铅笔把它连接好，便可以量出 V_1 螺钉到 V_2、V_1 连接线的距离 S，准到 0.2 毫米。

（3）安装摆本体。

把胀盒放在即将标定的倾斜仪本体旁移螺钉 V_2 的位置上，调节胀盒的三只调平螺钉，使胀盒面水平，并用水准器检查胀盒确实水平后，用手扶住胀盒，使之不再移动，把摆本体 V_2 螺钉放在胀盒的凹孔内，V_1、V_3 螺钉用仪器的底垫块垫好，按照前面 4.6.2 叙述的操作过程放松夹摆，调好周期。

4.7　仪器功能与参数设置

4.7.1　仪器面板参数设置

（1）设置自动标定时间的步骤。

打到监控方式，按复位"RST"键后再操作，按表 4.7.1 调整时、分、秒。在修改工作参数前必须将内存锁打开。打开的方法如下：

表 4.7.1　输入标定时间（以每月 6 日 09 时 40 分标定为例）

输入操作	显示
MON	P
5FFF	5FFF
EXA	5FFF ##
88	5FFF 88
WRI	6000 ##
MON	P
MON	P
400D	400D
EXA	400D ##
06	400D 06
WRI	400E ##
09	400E 09
WRI	400F ##
40	400F 40
WRI	4010 ##
MON	P

在键盘上输入标定的日时分后，仪器即能按时自动标定，不用人工操作。如想修改标定时间可在网页上重新置入日时分，下次标定就按新置入的时间执行。

（2）设置装置系数即标定的已知倾角值操作步骤。

例如 NS 的已知倾角值 ψ=0.10485 角秒，EW 的已知倾角值 ψ=0.10536 角秒，则已知倾角 ψ 值按表 4.7.2 所示步骤进行，打到监控方式，按复位"RST"键后再操作。

表 4.7.2　输入已知倾角值（以 SN 为 0.10485，WE 为 0.10536 为例）

输入操作	显示
MON	P
4010	4010
EXA	4010 ##
01	4010 01
WRI	4011 ##
04	4011 04
WRI	4012 ##
85	4012 85
WRI	4013 ##
01	4013 01
WRI	4014 ##
05	4014 05
WRI	4015 ##
36	4015 36
WRI	4016 ##
MON	P

（3）设置复位时间的操作步骤（表 4.7.3）。

表 4.7.3　复位时间的存放格式

输入地址码	输入内容
4025	FF（每小时）
4026	59（59 分）
4027	40（40 秒）

打到监控方式，按复位"RST"键后，再按表 4.7.4 步骤操作。

表 4.7.4　复位时间输入步骤

输入操作	显示
MON	P
4025	4025

续表

输入操作	显示
EXA	4025 ##
FF	4025 FF
WRI	4026 ##
59	4026 59
WRI	4027 ##
40	4027 40
WRI	4028 ##
MON	P

（4）临时手控标定操作。

打到监控状态—按 [RST] 复位键—显示" ----SSQ2----- "状态下—输入指令 2650 按 [EXE] —开始标定采数，SN 向 V_1、WE 向 V_2（标定器低位数）—电机运行 2 分钟到位，1 分钟 45 秒第二次采数，SN 向 V_2、WE 向 V_2（标定器高位数）—标定器自动启动电机运行 2 分钟到位回到（标定器低位数），等待 1 分钟 45 秒第三次采数，SN 向 V_3、WE 向 V_3—标定过程完成。

（5）检查显示格值的操作（表 4.7.5）。

在监控的方式下，第一道 SN 向地址码：4017H，4018H，4019H；第二道 EW 向地址码：401AH，401BH，401CH。

表 4.7.5　格值显示操作步骤

输入操作	显示
MON	P
4017	4017
EXA	4017 ##
EXA	4018 ##
EXA	4019 ##
EXA	401A ##
EXA	401B ##
EXA	401C ##

4.7.2　基于软件参数设置

程序运行主界面如图 4.7.1 所示。

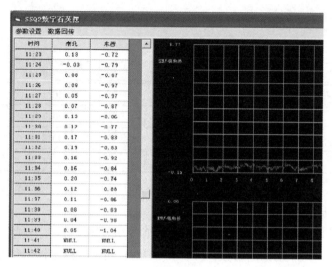

图 4.7.1　程序运行主界面

主界面显示操作功能和当天的观测数据。各种功能如下：

（1）参数设置。

①通信参数。

网页参数，见图 4.7.2。

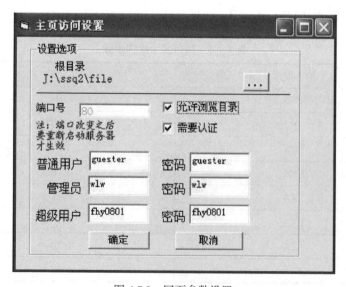

图 4.7.2　网页参数设置

打开"参数设置/网页参数"菜单，出现如下窗体：

可以设置主页访问参数，包括端口号、用户名和密码。

网络参数，见图4.7.3。

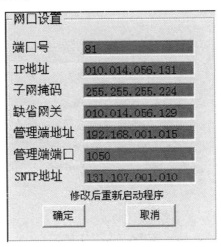

图4.7.3 网络参数设置

打开"参数设置/网络参数"菜单，出现如下窗体：

可以设置本机地址、访问端口号、子网掩码等网络参数。缺省值为：

端口号：81；

IP地址：192.168.001.002；

子网掩码：255.255.255.000；

缺省网关：192.168.001.001。

②时间设定。

网络对时。选择"时间设定/网络对时"则自动连接网络授时服务器。

系统对时，见图4.7.4

选择"系统对时"出现以下界面：

图4.7.4 系统对时界面

按照规定格式输入日期（YYYY-MM-DD）和时间（HH:MM:SS），点击确定即改变系统工作时间。

③工作参数。

台站参数见图 4.7.5。

图 4.7.5　台站参数设置

各个参数的设定必须按照规定格式输入，台站代码 5 位，测项代码 4 位，标定值加小数点共 7 位，自动标定时间 6 位（DDHHMM）。

仪器密码，见图 4.7.6。

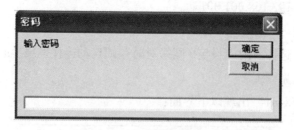

图 4.7.6　仪器密码设置

仪器密码是网络数据通信时客户端用户登录仪器的密码，可以自行设定，缺省为 01234567。

（2）数据回传。

①系统时间：PC104 调回下位机时间。

②标定结果：PC104 调回下位机中自动标定结果。

③标定值：PC104 调回下位机中的标定值。

④当前数据：PC104 调回下位机中的当前分钟值。

⑤当天数据：PC104 调回下位机中的当天数据。

⑥前一小时：PC104 调回下位机中的前一小时数据。

4.7.3　WEB 网页参数设置

（1）首页。

在浏览器地址栏输入仪器 IP 地址，访问仪器首页。

（2）技术指标。

点击"技术指标"菜单，该页面详细介绍了 SSQ-2I 型数字石英水平摆倾斜仪的主要技术指标。

（3）仪器参数。

"仪器参数"页面如图 4.7.7 所示，该页面列举了"测量参数""网络参数""表述参数"的内容。

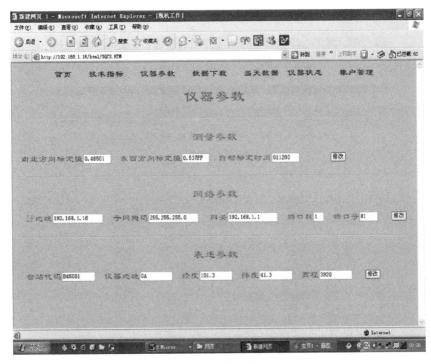

图 4.7.7　仪器参数网页

（4）数据下载。

"数据下载"页面如图 4.7.8 所示，该页面显示为仪器存放的测量数据文件，单击所需文件名即可下载。

（5）当天数据。

"当天数据"页面如图 4.7.9 所示，该页面显示了当天 00 点 00 分开始到当前时间的仪器观测值，数据为"NULL"是没有测量。

图 4.7.8　数据下载页面

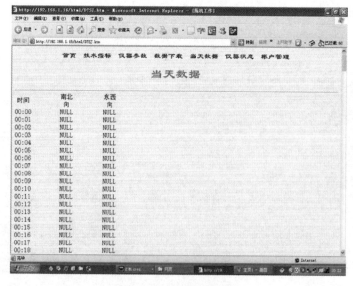

图 4.7.9　当天数据页面

（6）仪器状态。

"仪器状态"页面如图 4.7.10 所示，该页面显示了有关时间和标定的参数。

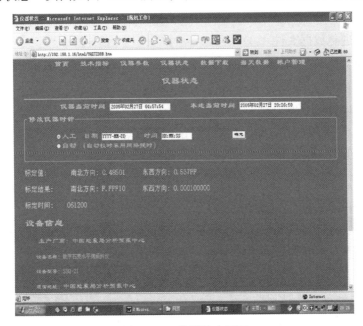

图 4.7.10　仪器状态网页

（7）账号管理。

点击"账号管理"菜单，该页面可修改登录人员名称以及密码。

缺省的用户名 / 密码如下：

普通用户：用户名：guest　密码：*****

管理员：用户名：wlw　　密码：***

超级用户：用户名：fhy0801 密码：*******

4.7.4　数据存储、读取、传输

SSQ-2I 上位机（PC104）中存放有许多数据文件供检查或调用，这些数据文件在 SSQ2 子目录下：

（1）每分钟从下位机收集的数据。

①十进制数据文件。

位置和文件名：DEC\ 台号 + 0AX001+YYYYMMDD.EPD。

数据格式：

时间　南北测值　东西测值

0000   *.**   *.**

…

2359   *.**   *.**

②十六进制数据文件。

位置和文件名：ORG\ 台号 + 0AX001+YYYYMMDD.ORG。

（2）23h 测量后从下位机收集的一天完整的数据。

①十进制数据文件。

位置和文件名：SSQ2ORG\ 台号 + 0AX001+YYYYMMDD.EPD。

②十六进制数据文件。

位置和文件名：SSQ2ORG\ 台号 + 0AX001+YYYYMMDD.ORG；

例：999920AX00120060207.ORG；

99992—台站代码，0AX001—水平摆倾斜仪；20060207—日期

数据格式：与九五数据格式一致

（3）网络运行日志。

LOG\ 日期 .LOG

数据格式：按网络规程的要求。

一般情况下不要修改、删除这些文件，特别不能删除子目录，否则可能引起系统异常或者数据丢失。

4.8　标定与检测

QB-2 型胀盒—水银杯标定装置系统是利用水银杯在不同高度产生的压力引起胀盒中心的微量变化来标定倾斜仪格值的一种专用设备。它可以在台站不中断正常记录的情况下，正确地标定倾斜仪格值的重要辅助工具，它也可以作为标准倾斜值来标定其他类型的倾斜仪常数。

4.8.1　标定原理

（1）水平摆倾斜仪的格值。

水平摆倾斜仪的格值公式为：

$$C = \frac{4\pi^2 l_0}{B \cdot g T^2} \qquad (4.8.1)$$

上式的由来请参阅 SSQ-2 型数字石英水平摆倾斜仪说明书。这里不再作详

细推导。式中，C 为水平摆倾斜仪的格值；L_0 为水平摆倾斜仪的折合摆长；A 为光杠杆长度；g 为重力加速度；ψ 为地倾斜角；δ 为地面倾斜 ψ 角时，摆杆偏转引起电压值的改变量；T 为摆的自振周期。

由公式（4.8.1）可知：正确地测定 ψ 角及相应的 δ 值，便可以求出倾斜仪的格值 C。

（2）胀盒—水银杯结构。

为了比较容易地测定 ψ 角的变化，采用了胀盒—水银杯标定装置。如图 4.8.1 所示，胀盒像一只厚壁的空盒气压计，用一段几米长的软尼龙管把胀盒的空腔与水银杯连接起来，升高或降低水银杯，使胀盒空腔内产生不同的压力，胀盒产生弹性形变。

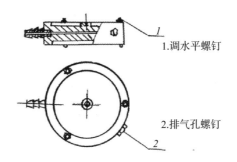

1.调水平螺钉

2.排气孔螺钉

图 4.8.1 胀盒结构示意图

如升高水银杯，胀盒空腔内压力便增大，其上盖便鼓出一个可以精确测定的微小量 Δf，则有式：

$$\Delta f = \alpha \cdot \Delta H \qquad (4.8.2)$$

式（4.8.2）中，ΔH 是水银杯高差的变化，α 为比例常数，通称胀盒常数。把水平摆式倾斜仪的旁移螺钉 V_2 放在胀盒上盖的中心，以 V_1、V_3 螺钉支撑点为旋转轴测仪器的倾角为：

$$\psi = \frac{\Delta f}{S} = \frac{\alpha \cdot \Delta H}{S} \qquad (4.8.3)$$

式（4.8.3）中，S 为 V_2 螺钉到以 V_1、V_3 螺钉旋转轴的垂直距离。

用胀盒—水银杯标定，则仪器的格值 C 定为：

$$C = \frac{\psi}{\delta} = \frac{\Delta f}{\delta \cdot S} = \frac{\alpha \cdot \Delta H}{\delta \cdot S} \cdot 206265 \qquad (4.8.4)$$

（3）自动标定装置。

QB-2 型胀盒—水银杯标定器，可以不中断记录地标定倾斜仪格值 C，这在高精度固体潮汐观测中尤为重要，由于倾斜的格值随着地面倾斜而改变（即 i 角变化引起格值的变化），这种变化在格值选用 0.01 角秒 /mm 时并不明显，但是在高精度固体潮汐观测时，格值小于 0.001 角秒 /mm，i 角变化就能引起格值较大的变化，如不能正确地给出格值，则将给分析结果带来很大的误差。

QB-2 型标定器这种装置，是把水银杯装在转梁上，转梁通过电机和蜗轮杆减速器带动每分钟转 6 圈。在实际工作中是将胀盒作为底垫块放在倾斜仪位移螺钉 V_2 下，而转梁必须处于上、下竖直的状态，平时工作状态是水银杯转到转梁的下面（平衡锤垂直处于转梁上面），调好倾斜仪的周期待仪器稳定后，在这种状态下正常记录采数。需要标定时，先对 SN、EW 向各采一次数为 V_1 电压值，然后按下启动按钮，经 2 分钟转梁转过 180° 即水银杯转到上面，平衡锤垂直处于下面，再 SN、EW 向各采第二次数为 V_2 电压值，再开动转梁电机，经 2 分钟，水银杯又转 180° 回到原来的位置，再 SN、EW 向各采第三次数为 V_3，前后 4 分钟为一次标定过程，可反复标定多次，取平均值。注意标定时要注意选择在小潮时段，升降水银杯，这样可以减小标定误差。30 天标定一次，每次都在相同的时间内进行。

4.8.2　格值标定及计算

（1）格值常数标定。

由格值的定义可知，仪器的格值为 $C = \dfrac{\psi}{\Delta V}$，如果能正确地测定摆本体垂直于摆杆方向的倾角 ψ，以及相应的传感器输出电压 ΔV 的变化，便可以确定仪器的格值 C。

我们用前面讲的胀盒装置，给出已知倾斜角 ψ。在数采及计算机中，我们把南北向的 ψ 角用符号 MN 表示，把东西向的 ψ 角用符号 ME 表示。胀盒像一只厚壁的空盒气压计，用一根几米长的尼龙软管，把胀盒的空腔与水银杯连接起来，升高或降低水银杯，使胀盒空腔内产生不同的压力，胀盒产生弹性变形，如升高水银杯，胀盒空腔压力就加大，其外壁中心便鼓出一个微小量 Δf，见式（4.8.2）。

$$\psi = MN(ME) = \frac{\Delta f}{S} = \frac{\Delta H \cdot \alpha \cdot 206265}{S} \times 10^{-6} \qquad (4.8.5)$$

仪器的格值

$$C_N \text{或} C_E = \frac{MN(\text{或}ME)}{\Delta V} = \frac{\Delta H \cdot \alpha \cdot 206265}{S \cdot \Delta V} \times 10^{-6} \qquad (4.8.6)$$

每只胀盒都事先用干涉仪精确测定其 α 值。

为了测定 ΔV，我们先在水银杯处在最低点时，分别采集南北向和东西向的电压值 V_1。然后启动电机，使水银杯升到最高点。同样采集两个方向的电压值 V_2，再接着启动电机。使水银杯回到最低点，再一次采集两个方向的电压值 V_3。根据以上三个点的采样值，就能分别计算出两个方向的段差值 ΔV，为了提高 ΔV 的精度，可以重复以上的标定步骤。

（2）标定实例。

泰安台 2000 年 8 月 31 日 9 时。

①开始标定。

先采数，此时水银杯在低位置。

NS = –175mV　EW = –17mV　为 V_1

②启动标定器。

转梁由低点转 180° 到高点时采数。

NS = –352mV　　EW = –174mV　　为 V_2

③再启动标定器。

转梁由高处转到低处回到原来的位置采数。

NS = –176mV　EW = –18mV　为 V_3

④计算水银杯的高差变化，引起电压值变化。

取绝对值

$$\Delta V_{SN} = V_2 - \frac{|V_1 + V_3|}{2}$$

$$\frac{|V_1 + V_3|}{2} = \frac{|-175\text{mV}| + |-176\text{mV}|}{2} = 175.5\text{mV}$$

$$\Delta V_{SN} = |-352\text{mV}| - |-175.5\text{mV}| = 176.5\text{mV}$$

$$\Delta V_{EW} = V_2 - \frac{|V_1 + V_3|}{2}$$

$$\frac{|V_1 + V_3|}{2} = \frac{|-17\text{mV}| + |-18\text{mV}|}{2} = 17.5\text{mV}$$

$$\Delta V_{EW} = |-174\text{mV}| - |-17.5\text{mV}| = 156.5\text{mV}$$

⑤格值计算

已知胀盒常数

$$\alpha_{SN} = 0.5583 \times 10^{-6} \quad \alpha_{EW} = 0.5619 \times 10^{-6}$$

胀盒运行高差 $H = 300\text{mm}$，底脚距离 $S_1 = 330\text{mm}$，$S_2 = 329.5\text{mm}$

$$\psi_{SN} = \frac{\Delta f}{S} = \frac{\alpha \times 10^{-6} \cdot H \cdot 206265}{S} = \frac{0.5583 \times 10^{-6} \times 300 \times 206265}{329.5}$$

$$= \frac{34.5473}{329.5} = 0.104847\text{角秒}$$

$$\psi_{EW} = \frac{\Delta f}{S} = \frac{\alpha \times 10^{-6} \cdot H \cdot 206265}{S} = \frac{0.5619 \times 10^{-6} \times 300 \times 206265}{330}$$

$$= \frac{34.77029}{330} = 0.10536\text{角秒}$$

则格值

$$\eta_{SN} = \frac{0.10485}{176.5\text{mV}} = 0.000594 = 0.594 \times 10^{-3}\text{角秒/mV}$$

$$\eta_{EW} = \frac{0.10536}{156.5\text{mV}} = 0.000673 = 0.6732 \times 10^{-3}\text{角秒/mV}$$

每当一个台站架好仪器，各参数测准后计算出的 ψ_{SN}、ψ_{EW} 值是此台站的常数，以后不再变化。而只有当改变周期 T 灵敏度变化时相应的输出电压值随着增大或减小，格值 C 发生变化。

4.9 常见故障及排查方法

4.9.1 常见故障信息分类

对形变台网中 SSQ-2Ⅰ型石英摆倾斜仪的故障信息进行了系统收集，结合厂家提供的资料，经整理后得到 SSQ-2Ⅰ型石英摆倾斜仪常见障及排查方法一览表

（表 4.9.1），内容包括仪器故障现象及其特征、故障可能原因分析、故障诊断检测方法、确认故障类型、故障维修步骤的相关内容；此外，一并整理列出故障维修实例（见 4.10），供仪器故障维修工作中参考使用。

表 4.9.1　SSQ-2 石英摆倾斜仪常见故障一览表

序号	故障单元	故障现象	故障原因	解决方法
1	供电单元	缺数	停电	待电力恢复或提高不间断电源的工作时间
			UPS 故障	维修或更换 UPS
			电源故障	维修或更换电源模块
2		缺数	主机故障	检查仪器供电、采集和工控板，如不能自行修复则更换备机或返厂维修
			线路故障	检查维修故障线路
			参数错误	更换工控板，重新设置参数
3	数采与主机单元	无法收数	仪器死机	重启仪器
			存储卡参数错误	重新配置参数
			时钟错误	重新设置时钟
			存储卡软件故障	重启仪器无法恢复则更换存储卡
			AD 模块故障	更换 AD 模块
4		通信故障	网络参数出错	重新设置网络参数
			工控板故障	更换工控板或返厂维修
			网线接触不好	检查网线接口或更换网线
			网页无法登录	重启仪器
5	传感器单元	数据突跳、波动、噪声、畸变等异常	传感器受潮	除潮处理或更换传感器
			前置盒故障	更换前置盒

4.9.2　部分常见故障处置

（1）标定格值检查。

仪器格值应定期标定，通常约定为每月标定一次。当标定的新格值较原格值误差大于 3% 时，判定为不合格，需对仪器进行微调。微调仪器时，转动旁移螺旋，使摆偏离原平衡位置发生摆动，待摆稳定到新的平衡位置后，再次标定格值。通过前后格值的超限误差，判断仪器是否达到了稳定的运行状态。仪器标定时应规范记录相关信息。

例如：$NS_\eta=0.863 \times 10^{-3}$（角秒/mV），而第二次标定的值 $NS_\eta=0.882 \times 10^{-3}$（角秒/mV），两次之间的误差都在正常范围内。假如格值出现 $NS_\eta=1.293 \times 10^{-3}$（角秒/mV），比前次标定值大了 0.41 角秒/mV，超出了正常误差的 3%，需要对仪器进行微调。

（2）静电干扰排除。

仪器安装后约半年内，由电涡流传感器探头与摆锤之间因静电干扰而产生的吸摆现象，称为静电干扰。静电干扰使观测曲线的固体潮汐形态发生变化，出现潮汐幅度变小或无规律掉格等畸变现象。遇到这种状态应标定格值，确认格值是否发生增大的变化。通常，南北向受静电干扰变化会严重一些，但东西向也会受到干扰影响。

排除静电干扰的办法是：选用一根导线，导线的一端焊在一个夹子上，用夹子夹住仪器的地端；另一端露出金属线头，置于靠近传感器探头表面。然后转动旁移螺钉，使摆锤摆动起来，当摆锤几次靠到导线的金属线头后，在摆锤靠到另一边时，非常小心地抽出导线，完成操作后，排除了静电，仪器的吸摆现象消除，恢复到正常观测状态。

（3）确定摆的自振周期。

仪器摆动周期一旦调完成，便确定了灵敏度。在不需要降低或提高仪器灵敏度时，不应轻易再测试周期或调试周期，即 V_3 脚螺钉不再调动。

（4）观测电压出格改正。

注意仪器显示的观测电压值，当观测电压值超过 ±1800mV 时，便需要调摆，把电压值调到 ±200mV 以内。因为数采给定的电压值范围是 ±2V，超出此值采集的数据都是"0"值。当调整好新的电压值时，应记录之前的电压值，以便处理修改，例如：某方向的电压值为 1860mV，在上午 9 时进入摆房，调摆的 V_2 旁移角螺钉，摆锤稳定后的电压值为 160mV，则此时采的数为 |1860mV|-|160mV|=1700mV，调试前后的差值，就是需要改正的数值，即 160mV+ 1700mV = 1860mV。往后进行观测采集的每个数据，都需要加改正值 1700mV，作为实际的采样值。

（5）标定电机故障。

①故障现象：在标定过程中，电机不停地转动，或者是标定的旋转梁没有停止在垂直位置上，可能是光电控制管烧坏，需进行更换。

②故障现象：标定操作时，主机控制部分正常启动和到位，但电机没有运转，此时，标定的输出值没有改变，说明标定控制板没有工作，可能是电机烧坏需进行更换。

4.10 故障维修实例

4.10.1 供电模块故障（雷击）

（1）故障现象。

雷电后，服务器上仪器联通性监测软件报警，显示数字石英水平摆仪网络中断，但观测室其他设备网络连通正常。

（2）故障分析。

远程查看同台其他设备雷电后工作状态，均正常，其数据曲线均显示出同时间雷电产生的干扰畸变。分析认为，网络通信、供电等公共部分正常，很可能是雷电造成地倾斜主机损坏或部分功能损坏。

（3）维修方法及过程。

①经现场检查发现地倾斜主机所有指示灯熄灭，观测室内供电正常，网络设备工作正常。

②物理断开主机电源，打开主机机箱盖，检查主机各电路板外观。对主机供电，主机供电模块无电压输出，检查供电电路板，发现有二极管烧焦，更换二极管后，供电恢复正常。

4.10.2 涡流传感器故障（单分量大幅锯齿状畸变）

（1）故障现象。

温泉地震台石英数字水平摆 (SSQ-II) 在运行中，NS 向的记录曲线光滑，固体潮汐清晰，EW 向曲线频繁出现突跳、毛刺、锯齿状畸变，见图 4.10.1。

（2）故障分析。

针对 EW 向所存在的问题，首先排除了由于静电造成突跳和毛刺现象的可能。考虑到石英摆的易损坏以及为保证资料的连续率，应从外围设备开始逐一排查。

①连接线路。

根据以往的工作经验，引起数据突跳和毛刺现象的原因有多种，线路连接在整个工作过程中起到了上传下达的作用，是中间桥梁。如果它在连接和传送方面存在问题，将直接影响观测结果。

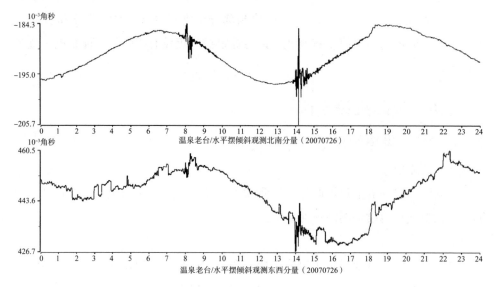

图 4.10.1　地倾斜日变数据曲线（涡流传感器故障）

　　先用万用表检测线路的连通性，检查线路中间是否有接头、焊点；检查线路外层保护是否有破损，同时还要考虑附近是否有电磁干扰源。在完成以上工作以后，我们确定，数字倾斜仪摆系到数据采集器间的线路工作正常。

　　② 数据采集器。

　　数据采集器的工作过程比较复杂，确定其是否正常工作并不是一件很容易的事情。

　　首先考虑的是交流电和直流电对数采在数据采集方面是否有影响。仪器架设开始，一直在使用交流电工作。说明书和数采主板电路图上均没有注明使用直流电，但打开数采机盖后，发现配有直流输入端口，没有交直流转换的功能。准备好与仪器相匹配电压的直流电瓶，切断交流电源，接通直流电源，仪器通电，开始采数。使用直流电源供电几天后，观察记录曲线，发现 EW 向曲线上的突跳和毛刺没有丝毫改变，见图 4.10.2。排除了电源对数据的影响。

　　数据采集器在数据采集时是分道进行采集的，也就是说，EW 向和 NS 向数据分别是从两个端口进入数采的，两分向数据在数采中也是分别计算的。我们在洞体接线盒处，将连接两个摆系的线路进行了对换，对换后进行采集。记录曲线在显示器上显示，原先应该显示 EW 向数据的地方的曲线变得平滑了，而 NS 向位置的曲线变得有突跳和有毛刺了，也就说，从 EW 向收取的信号经过 NS 向采集模块的计算仍然是有毛刺和突跳的；从 NS 向输出的信号经过 EW 向采集模块的计算依然是平滑的。曲线。从而证明，数采在数据采集和计算方面是正常的。

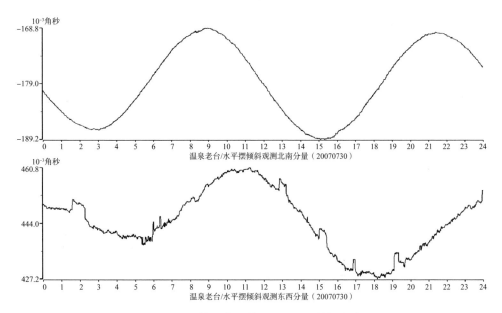

图 4.10.2　使用直流供电后的日变数据曲线

③摆系的稳定性。

用数字万用表连接洞体接线盒上 EW 向的正负极接线柱，可以将摆锤靠摆。在摆锤靠摆的情况下，数采记录的数据应该是固定的一个数值，此时，我们就可以通过数采记录或者此时万用表上显示的数据来验证在摆锤靠摆的情况下，摆系的工作状态。通过观察，此时数采所记录的 EW 向的数据一直保持一个数值不变，摆系不存在工作不稳定的情况。

④涡流传感器。

通过对外围设备的逐一排查，故障的重点集中在涡流传感器上了。

（3）维修方法及过程。

①使用新传感器。

当我们确定是涡流传感器的自身工作不稳定的原因产生了 EW 向的突跳和毛刺现象后，将新涡流传感器更换到 EW 向摆系，根据传感器上的说明，传感器间隙置为 ±4mm。对仪器两分向进行了 3 次标定，NS 向的格值均在正常变化范围内，EW 向的 3 次格值变化非常大。待仪器稳定了 3 天后，观察 EW 向数据突跳仍然较大，且无法正常记录到固体潮汐，见图 4.10.3 。

将传感器间隙置为 ±3mm，稳定 2 天后，EW 向突跳状况未改变，且固体潮汐形态消失，见图 4.10.4。

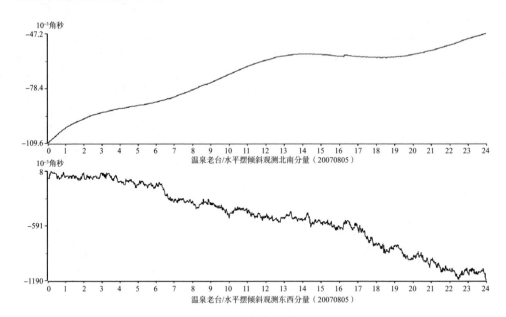

图 4.10.3　EW 向使用新传感器后日变数据曲线

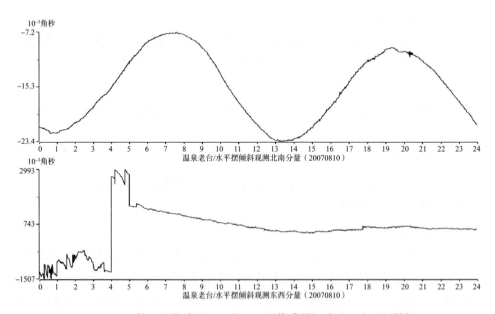

图 4.10.4　使用新传感器后调节 EW 向传感器间隙后日变观测数据

②EW 向重新使用旧传感器。

将更换下的旧涡流传感器重新更换到 EW 向摆系上，对仪器进行标定，格值稳定，EW 向突跳继续存在，见图 4.10.5。

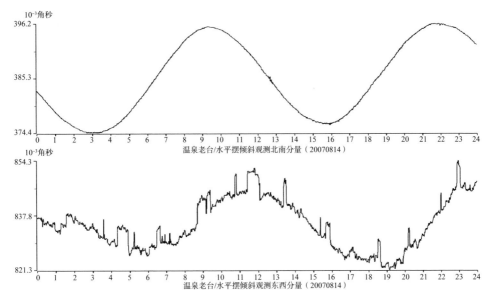

图 4.10.5 EW 向更换旧涡流传感器后日变数据曲线

③对换 EW 向和 NS 向涡流传感器。

将 EW 向和 NS 向涡流传感器进行对换，稳定一天后，发现 NS 向数据记录数据曲线形态和原先 EW 向曲线形态相同，突跳和毛刺明显。而 EW 向曲线形态较平滑。这说明，先前在 EW 向上使用的新旧两个涡流传感器均存在工作不稳定的问题，见图 4.10.6。

④更换邮寄来的新传感器。

把从北京邮寄新的涡流传感器再次更换到 EW 向摆系上，EW 向稳定 1 天后，记录曲线正常，见图 4.10.7。

之后我们对仪器进行了多次标定，标定结果没有超标。确定新传感器工作状态是比较稳定的。从而解决了困扰我们近一年的突跳、毛刺和锯齿状现象，这为我们今后的观测积累了丰富的经验。

（4）经验与体会。

①针对出现的问题，我们首先要做的就是了解仪器的结构布局，了解仪器各部件、模块的工作原理。在不知问题出处时，要根据实际情况分析解决问题，先外围，再核心。

②涡流传感器自身工作不稳定导致 EW 向记录曲线出现明显突跳、毛刺和锯齿状畸变。

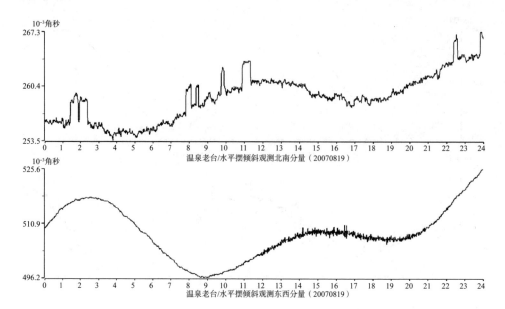

图 4.10.6　两分向传感器互相对后日变数据曲线

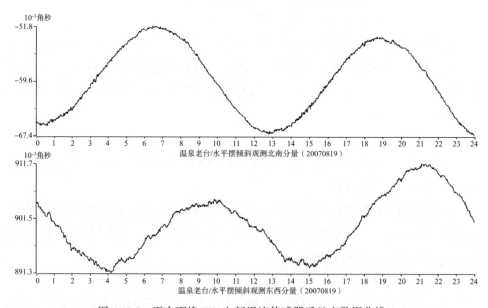

图 4.10.7　再次更换 EW 向新涡流传感器后日变数据曲线

③恢复供电后，检查主机工作参数及工作状态，均正常，手动对摆体进行标定，标定结果符合观测要求，说明雷电未对观测设备造成其他损害。如果雷电感应强电流进入主机，会瞬间击穿供电电路中二极管，造成电路断路，仪器失去电力停止工作，更换二极管后，仪器恢复正常工作。

4.10.3 传感器故障（探头受潮）

（1）故障现象。

云龙地震台水平摆观测仪器 NS 分量在 2012 年 12 月 12 日开始出现大幅下降变化，到 15 日 09 时无数据输出。在这变化过程中因变化速率太大，记录曲线无固体潮汐形态，见图 4.10.8。

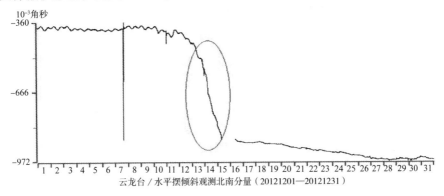

云龙台／水平摆倾斜观测北南分量（20121201—20121231）

图 4.10.8　云龙台数据异常变化图

观测人员进观测洞室对 NS 摆进行调摆操作后，于 16 日 09：06 恢复工作，对仪器进行校准，发现仪器周期不能调回原工作状态。因期间经历周边几次地震，怀疑是地震的影响，所以未及时实施检修仪器。

（2）故障分析。

①结合仪器 EW 分量及台站水管倾斜仪记录正常的情况分析，初步排除是地震前兆异常，应为仪器本身问题。

②可能在仪器靠摆后调摆过程中，误调动了仪器周期螺旋，造成仪器工作周期由正常的 10 秒多变为 3 秒左右。因工作周期的变小，日常记录幅度也大幅变小，仅为正常日变幅的三分之一左右。在随后的记录中，观测日变幅度小但在仪器工作正常时也能记录固体潮汐变化。但因工作周期变小，观测记录中易受电路中窜入的高频干扰，表现为记录中曲线有畸变现象。

③因仪器安装于 2003 年，运行时间长，仪器部分器件老化。传感器易受潮造成工作零位偏移，记录中也会出现毛刺、畸变、无固体潮汐现象。

④摆体到洞外记录室近 150 米，线路老化易受潮，特别是接头部分。也会造成记录出现毛刺、畸变、无固体潮汐现象。

（3）维修方法及过程。

①在检查原检测头时发现因线路使用年限长了（10 多年），线缆因山洞内潮

湿氧化，在接头部分老化、氧化严重，严重影响洞外工作电流的输送及洞内信号的传递。将原线缆更换为新的铜线并焊好接头。

②将 NS 分量传感器探头拆下，拿到洞外太阳下晒，同时用电吹风机吹除潮，处理完后再安装。

③重调 NS 分量的周期，工作周期调整至 9 秒多。后观测记录恢复正常，能记录到清晰的固体潮汐曲线，见图 4.10.9。

维修前：

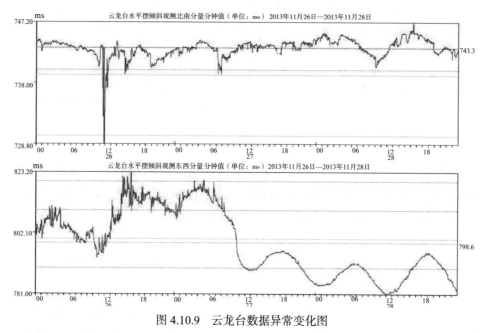

图 4.10.9　云龙台数据异常变化图

维修后（见图 4.10.10）

（4）经验与体会。

洞内摆体连接的线缆接头会年久老化，加上接头焊接处易受潮已严重氧化，造成洞外输送的工作电压不稳定，记录易出现畸变现象。NS 摆因误将调零的旁移螺旋当作周期螺旋，造成工作周期在几次误调后变得非常小，在 3 秒左右的周期状态下工作极易受外围干扰（潮湿），形成之前的畸变严重现象。

4.10.4　传感器故障（探头静电）

（1）故障现象。

记录曲线日变幅变小或有毛刺及掉格现象。

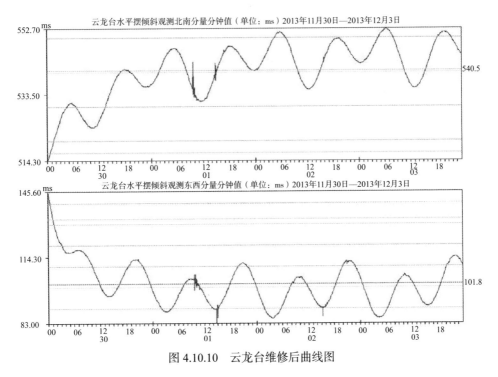

图 4.10.10 云龙台维修后曲线图

（2）故障分析。

仪器安装工作半年内，由于电涡流传感器探头与摆锤之间有一个磨合和调节适应的过程。观测中偶尔会出现吸摆的现象，表现为相应的记录曲线会变小或有毛刺及掉格现象。当出现这种状态时可以直接标定格值，格值会变大（尤其是 SN 向严重）。

（3）维修方法及过程。

在一根金属导线的一端焊一个夹子，夹住仪器的接地端，另一端露出金属线头，靠近传感器探头表面。然后调节仪器旁移螺钉，让摆锤摆动起来，靠到这根金属线头几个回合后，摆锤上的静电会排除。

4.10.5 传感器故障（传感器零位偏移）

（1）故障现象。

将摆调整到居中位置时，输出信号偏大（ > ± 1V）。

（2）故障分析。

由于仪器摆体安放的观测洞室一般都潮湿，仪器工作时间长了，因涡流传感器密封问题，都会出现工作零位偏移问题。

（3）维修方法及过程。

用台灯对传感器进行烘干去湿，或者断电后将传感器小心地取出，放到室外利用阳光照晒去潮湿。经过去潮处理后，工作零位一般都能恢复正常。

因以上原因，仪器主机故障停机时，一定要换上备用电源对传感器供电。如果仪器停测时间较长（返厂维修），也可将仪器传感器取出，放到室外干燥的地方保存。

5 SQ-70D 水平摆倾斜仪

5.1 仪器简介

SQ-70D 型石英水平摆倾斜仪是测量地倾斜变化的一种精密仪器，具有灵敏度高、稳定可靠、观测精度高等特点。SQ-70D 型石英水平摆倾斜仪在 SQ-70 型号倾斜仪的基础上，保持石英摆结构基本不变，根据技术发展、用户需求和最新的地震行业标准要求对传感器和数据采集器进行了升级改造，提高了 CCD 光电转换器的分辨力和测量精度，全面提升了石英水平摆倾斜仪的整体性能。

5.2 技术指标

采样率：1 次 / 分钟。

分辨力：优于 $2 \times 10^{-4}''$。

测量范围：$2''$。

动态范围：不低于 80dB。

数据存储量：15 天。

标定精度：水银杯高度误差 ≤ 0.025mm。

标定重复性：1%。

5.3 测量原理

SQ-70D 石英摆倾斜仪通过双吊丝石英摆拾取地面的水平地倾斜变化，经摆系及光学系统的放大后转换为随时间变化的一维空间光信号并成像于光电传感器的靶面上，CCD 驱动器实现光电转换和信号处理并连接数据采集器，实现地倾斜变化的自动测量。

5.4 仪器结构

SQ-70D 型倾斜仪主要由双吊丝石英摆、CCD 光电转换器、数据采集器和胀盒标定器等部分组成（图 5.4.1）。

图 5.4.1 SQ-70D 倾斜仪实物图

5.4.1 双吊丝石英摆

石英水平摆倾斜仪的核心部件为双吊丝石英摆，具体内容参见 4.4.1。

5.4.2 光电转换系统

光电转换系统包括光源系统和 CCD 光电转换器。

光源系统：包括光源灯、灯架以及通过数据采集器的亮度调整电路；CCD 光电转换器主要包括线阵 CCD 的驱动时序电路，如图 5.4.2 所示。

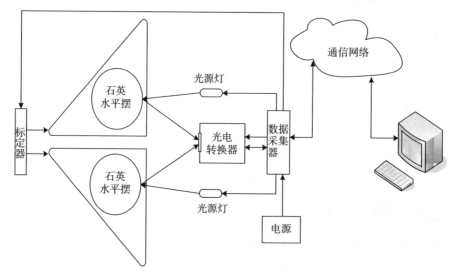

图 5.4.2 SQ-70D 倾斜仪测量示意图

5.4.3 仪器主机

CCD 传感器将代表当前位移信号的光信号转换为电荷信号，按序分奇偶两路同时输出给 A/D 转换电路的模拟输入端；信号处理电路既是整个系统的控制器，又是信号数据处理器。该装置的所有控制功能均由微控制器实现，其输出信号包括两路光源灯开关控制信号、A/D 转换器功能配置信号、高速读写控制信号 / 读数时钟 / 输出信号 / 复位信号、传输给上位机的计算结果（串口）。

（1）前面板。

如图 5.4.3 所示。

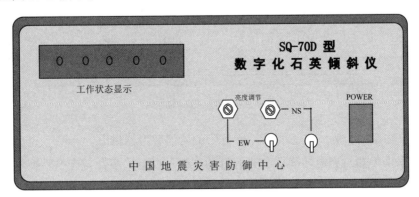

图 5.4.3　SQ-70D 前面板

前面板指示灯：

● READY：工作指示灯。当仪器正常工作时，该灯应闪烁，速率约每秒一次，当采数或通信时，会短暂停闪，如长时间停闪，表明系统故障，应重新开机。

● COM：通信指示灯。当进行通信时，该灯亮。COM 灯的第二功能是：当标定失败时（例如标定器没有动作），该灯将闪三次。

● BEM：标定指示灯。当接收到标定命令时，该灯亮；标定器停止时，该灯灭。

● NS：南北向光源灯指示。无论是手动还是自动方式，当南北向光源灯点亮时，该灯亮。

● EW：东西向光源灯指示。无论是手动还是自动方式，当东西向光源灯点亮时，该灯亮。

NS、EW 灯在自动方式时，每分钟点亮一次。点亮时间超过 0.5 秒以上，表示该方向已采到数据；点亮后马上熄灭，表示该方向没有采到数据，应调整该方向灯的亮度。

（2）后面板。

如图 5.4.4 所示。

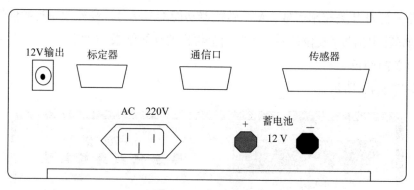

图 5.4.4　SQ-70D 后面板

12V 输出口：为"九五"转"十五"的协议转换器供电。

　数据采集器与光电转换器、光源灯的连接：数据采集器与光电转换器的连接是通过传感器电缆实现的，一端接入数据采集器传感器口，另一端与光电转换器的 15 针插座相连，将光源灯的电源线与光电转换器输出线按照 NS、EW 方向分别连接。

　数据采集器供电：交流电源与 220V 市电连接，直流电源与 12V 蓄电池连接。

　标定器的连接：将标定电缆一端接入数据采集器的标定器口，将标有标定电源的线头与标定电机的电源相连，其余三芯线与标定器的信号输入端相连。

（3）数据采集器的内部跳线及微动开关。

　打开数据采集器的上盖板，在主板上有三组跳线（图 5.4.5）。其中 J1 为通信速率选择，出厂设置为空，速率 19200 波特，如需其他速率，可将跳线块跳至板

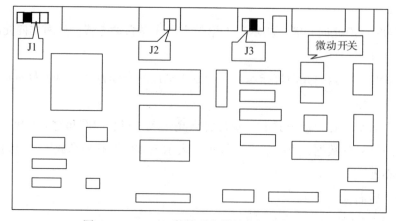

图 5.4.5　SQ-70D 数据采集器的内部跳线设置

上指示的相应位置。将 J2 上的两个跳线块跳至 +5V
端。J3 为通信口 1 脚的功能选择跳线，出厂值为空，
即 1 脚为空，如跳至 DCD 端，1 脚为载波检测端，
这是使用 MODEM 时的选择，如跳至 +12V 端，1 脚
为 +12V，这是"九五"前兆台网的要求。

　　仪器号设置：根据通信规程的要求，每台入网仪
器都必须有一个确定的仪器号，本数据采集器的仪器
号是通过主板上的四位微动开关设置的。微动开关的
位置与仪器号的对应关系如图 5.4.6 所示，用户可根
据需要进行设置（注意：同网内的仪器不能重号；每
个设备的仪器号是唯一的，对应于"十五"规程的设
备 ID 和"十五"规程的仪器号。

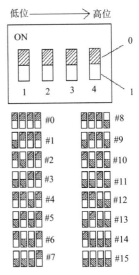

图 5.4.6　SQ-70D 数据
采集器的仪器号设置

5.5　电路原理及图件

5.5.1　原理框图

（1）CCD 传感器原理框图。

　　CCD（Charge Coupled Devices）是电荷耦合型固体图像器件的简称，近年来
得到了迅猛发展，它是一种光电器件，将其感光面上的光像转换为与光像成相应
比例关系的电信号。它的信号输出与其位置相对应。结构简单的线阵 CCD 非常
适合用作位移传感器，因为它具有线性度好、抗干涉能力强、体积小、重量轻、
耐震动、抗冲击等优点。

　　SQ-70D 倾斜仪选用了日本东芝 TCD1500C 型线阵 CCD 器件。它含有 5340
个称之为像元的光电模拟传感器。像元宽度 7μm，直线排列成幅宽 37.4mm 的光
敏阵列。用外围电路驱动 CCD 器件扫描，可从 CCD 器件的输出端获得对应各
个像元曝光量的模拟电信号（图 5.5.1）。

　　（2）控制电路基本功能框图。

　　以 80C552 单片机为核心的主板控制电路如图 5.5.2 所示。它包含有 80C552
（起 CPU 作用）、外部程序存储器、外部数据存储器、I/O 接口及系统译码电路等
部件。虽然 80C552 本身也包含有存储器、I/O 接口等，但由于这些资源不能满
足系统要求，因此必须进行外部扩展。

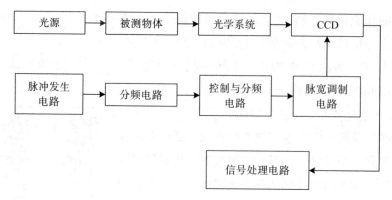

图 5.5.1　CCD 传感器原理框图

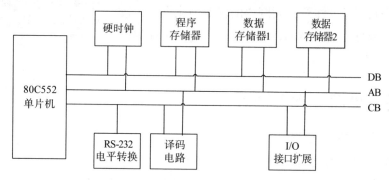

图 5.5.2　SQ-70D 倾斜仪控制电路基本功能框图

5.5.2　原理图介绍

（1）CCD 传感器原理图介绍。

由非门 U6（74HC04）和晶振（6M）构成脉冲发生电路，经计数器 U1（74HC390）进行分频，由两片二进制串行计数器 U2、U3（CD4040）产生 EPROM（27256）地址，EPROM 芯片中存储了 CCD 时序的数据序列，从而 EPROM 输出 CCD（TCD1500C）所需的特定驱动时序。如图 5.5.3 所示。

（2）控制电路原理图介绍。

控制电路如图 5.5.4 所示。

地址总线：80C552 单片机系统提供 16 位地址线，高 8 位地址线由 P2 口提供，第 8 位地址线通过 P0 口经地址锁存器（74HC373）提供。

数据总线：直接由 P0 口提供，数据宽度为 8 位。

控制总线：一般包括读控制线（RD）、写控制线（WR）、地址锁存控制线、

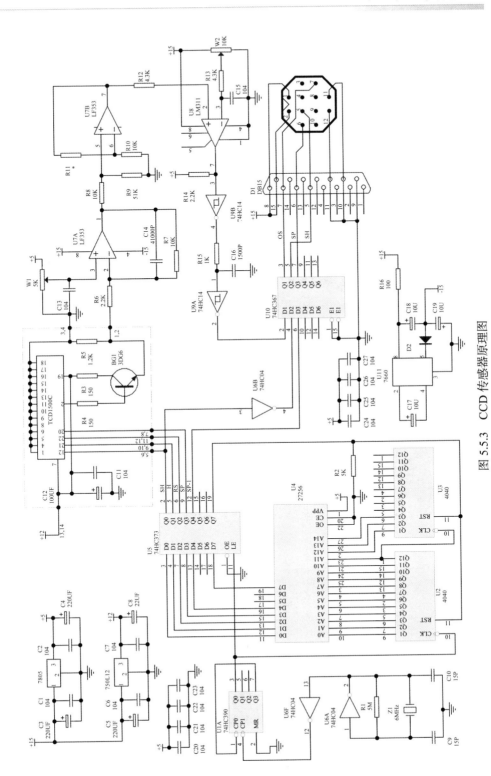

图 5.5.3 CCD 传感器原理图

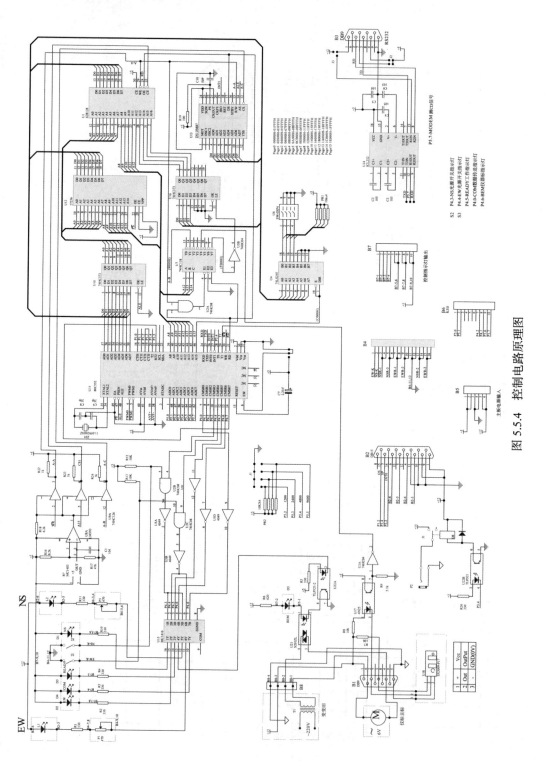

图 5.5.4 控制电路原理图

系统复位控制线、中断控制线以及通信联络线等。

系统时钟采用 11.0592MHz 石英晶体产生，这个频率既能够满足系统的速度要求，又比较合适准确计算串口通信波特率的系数。

译码电路的作用是产生数据存储芯片和 I/O 芯片的片选地址。电路通过 A12、A13、A14、A15 对 74HC138 进行地址译码，产生 16 个地址线（Y0~Y15）用于读写 I/O 口地址。

图中单片机 80C552 及其外围电路，其中 74HC373 为地址锁存器，IC232 为串行接口的电平转换器。

图中存储器扩展及系统译码电路，其中 27256 为程序存储器（32kB），628128 为数据存储器（128kB），74HC138 为地址译码器。

图中硬件时钟 DS12887 及其外围电路，时钟信息通过并行端口输入/输出，当系统死机时，DS12887 会发出一个复位脉冲将系统复位。

5.6 仪器安装及调试

SQ-70D 型数字化石英倾斜仪的安装对洞室在覆盖层以及温度和湿度上的要求与光记录的石英倾斜仪相同，对基墩的高度和标定器的安装要求同照相式石英倾斜仪。同时洞室本身的进深应不小于 3m；安装摆本体的基墩要求与基岩稳定牢固连接，不小于 1.5 m×1m；光电信号转换器和光源灯也应安装在基岩或水泥基墩上，长 1m×0.8m 即可；如果安装摆本体的基墩足够大，将摆本体、光源灯、信号转换器安置在同一平台上更好。

数字化石英倾斜仪的安装布局如图 5.6.1 所示。

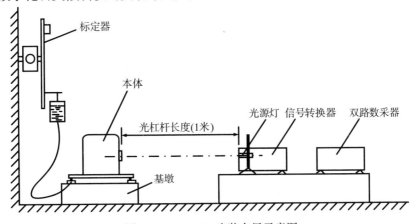

图 5.6.1　SQ-70D 安装布局示意图

5.6.1 标定器的安装

（1）组装标定器的连通管：将箱内的尼龙管、三通、水银杯、夹头套、胀盒连接成一体，注意连接部位的牢固，以防灌注水银后发生泄漏。具体步骤请见《QB-2 型倾斜仪标定器说明书》。

（2）水银的灌注：水银的灌注方法见《QB-2 型倾斜仪标定器说明书》。

（3）胀盒内空气的排出：空气的排出方法请查看《QB-2 型倾斜仪标定器说明书》。

（4）标定器内气体的排出：标定器灌注好水银后，将一整套的水银杯悬挂在与水银杯高差大于 1.5m 的位置上，胀盒请放置在容器内，以防发生水银泄漏；使用工具轻轻敲打尼龙管帮助空气排出，同时观察尼龙管内没有气泡，视为气体已经排净。

（5）减速箱的安装：减速箱的安装要求和步骤请参照《QB-2 型倾斜仪标定器说明书》。注意：在进行减速箱安装时，减速箱的正确位置请严格按照图 5.6.2 所示，减速箱的中心垂线与通过中心轴的铅垂线相重合。

（6）转梁的安装：安装转梁时使其装有限位器的一面朝向减速箱。转动转梁，使其限位器位于马鞍形光电耦合器件的中部。

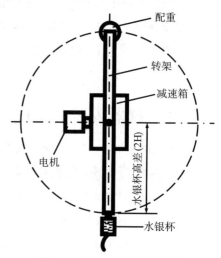

图 5.6.2　标定器安装示意图

（7）水银杯和配重的安装：水银杯和配重的安装调试见《QB-2 型倾斜仪标定器说明书》，并测量水银杯至转梁中心的距离，记录在表 5.6.1 中；调整好平衡后，确定水银杯垂直向下的位置为初始位置，并测量转梁中心至水银杯螺母的距离 ×2，作为标定的阶跃值；锁紧转梁上的螺母。

5.6.2 摆体的安装

摆体安装示意如图 5.6.3 所示，测量摆体的角螺钉间距 S，记录在表 5.6.1 中。注意：两个摆体的底板应尽量靠近。

5.6.3 光电转换器及光源灯的连接与调试

（1）安装要求：安装光电转换器和光源灯的墩子。如果有条件的话，最好选用和仪器基墩一体的，单独放置水泥基墩也可以。应避免使用木制桌子，以免其受潮发生变形，影响观测精度，相互位置的示意请参照图 5.6.4。

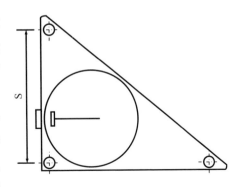

（2）安装步骤：将光电转换器的中心刻线对准两个摆本体的中间，距离摆镜为 1m，相互间的初始位置如图 5.6.4 所示。将左右光源灯分别放置于光电转换器的两侧，光源灯的出射光位置与 CCD 的接

图 5.6.3 摆体安装示意图

受靶面处于同一平面上；调整 CCD 的前后位置，使得光缝在 CCD 靶面的成像清晰。

（3）双路数据采集器的安装：将双路数据采集器放置在洞室内的桌子上（条件允许的情况下，最好放置在洞室外，但应保证传感器电缆的长度不应超过 15m）。

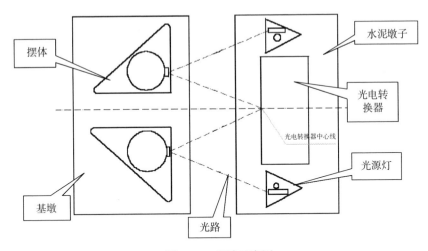

图 5.6.4 光路示意图

5.6.4 系统调试

（1）光源灯的调试。

①确认数据采集器的工作状态正确后，分别将 NS 向、EW 向光源灯的开关打到开的位置。观察灯的亮度，通过调整灯的亮度控制器，使光源灯的亮度适中。

②松开光源灯的锁紧螺丝，前后调节光源灯镜筒，使其在摆镜上的光斑均匀。

③打开摆本体的罩体，松开夹摆装置。

④光路调节：分别打开 NS、EW 方向光源灯的开关，松开灯架上的锁紧螺母，调节上下位置，使光缝清晰成像于光电转换器的靶面中心位置。

（2）摆本体的调试。

①依据表 5.6.2 确定摆体的灵敏度，针对相应的灵敏度确定摆体的固有周期；调节摆体的初始平衡位置和周期。

②按照图 5.6.1 测量光杠杆的长度，单位为 mm，精确到小数点后一位。记录在表 5.6.1 中。

（3）系统调试。

完成以上步骤后，将光源灯的控制开关打到关的位置。观察数据采集器的工作状态。"Ready"指示灯闪烁。"NS"和"EW"指示灯每分钟亮一次，持续时间 500ms 以上。完成以上的检测后，已经初步完成架设工作。

表 5.6.1　石英倾斜仪常数表

	NS 向	EW 向
光杠杆长度（单位：mm）		
自振周期（单位：s）		
折合摆长（单位：mm）		
胀盒常数		
水银杯高差（单位：mm）		
脚螺钉间距（单位：mm）		

表 5.6.2　周期与光杠杆长度对照表（参考）

格值 C（角秒/mm）	0.01	0.02	0.03	0.04	0.05	0.06	0.07	0.08	0.09	0.1
灵敏度（角秒/像素）	7×10^{-5}	1.4×10^{-4}	2.1×10^{-4}	2.8×10^{-4}	3.5×10^{-4}	4.2×10^{-4}	4.9×10^{-4}	5.6×10^{-4}	6.3×10^{-4}	7×10^{-4}
周期（s）光杠杆长度										
1m	53.9	38.1	31.1	26.9	24.1	22	20.4	19.1	18	17
2m	38.1	26.9	22	19.1	17	15.6	14.4	13.5	12.7	12.1
2.5m	34.1	24.1	19.7	17	15.2	13.9	12.9	12.1	11.4	10.8

格值 C（角秒 /mm）	0.2	0.3	0.4	0.5	0.6	0.7	0.8	0.9	1.0	1.1
灵敏度（角秒/像素） 周期（s） 光杠杆长度	1.4×10^{-3}	2.1×10^{-3}	2.8×10^{-3}	3.5×10^{-3}	4.2×10^{-3}	4.9×10^{-3}	5.6×10^{-3}	6.3×10^{-3}	7×10^{-3}	7.7×10^{-3}
1m	12.1	9.8	8.5	7.6	7	6.4	6	5.7	5.4	5.1
2m	8.5	7	6	5.4						
2.5m	7.6	6.2	5.4							

注：摆的类型为中底板 $S=420$，$L_0 \approx 70$。

5.7　仪器功能与参数设置

5.7.1　基于软件参数设置

SQ-70D 数字化石英倾斜仪的配套程序既可作为地震台站的监控中心应用程序，也可作为该仪器的维护检测程序。本程序采用可视化程序语言进行设计，界面友好，功能齐全，适合台站观测人员使用。本程序可同时支持"九五通信规程"和"十五通信规程"。

程序运行后界面如图 5.7.1 所示。

本程序为标签式结构，共有五张标签，即有五个功能模块：连接、设置、数据采集、数据回放和数据合并。单击标签提示栏即可在各个功能模块间进行切换。

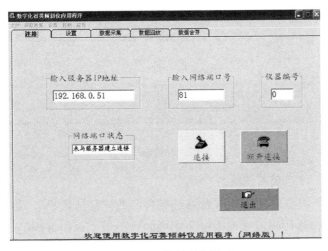

图 5.7.1　网络版程序界面

（1）连接功能模块。

①输入服务器IP地址：SQ-70D数字化石英倾斜仪在局域网中是以服务器方式工作的，其IP地址应由网络管理员进行合理配置，若要与该仪器进行通信，连接前应在此输入正确的IP地址。

②输入网络端口号：服务器的网络端口号也是由网络管理员进行配置的，连接前应在此输入正确的端口号。

③连接：输入正确的IP地址与网络端口号后，点击"连接"按钮可完成连接，"网络端口状态"中将显示连接状态。

（2）设置模块。

在设置模块中，可以完成仪器初始常数的设置。本程序兼容"九五通信规程"（以下简称"九五方式"）和"十五通信规程"（以下简称"十五方式"），符合"九五方式"的指令以按钮方式进行操作，符合"十五方式"的指令以菜单方式进行操作，如图5.7.2所示。

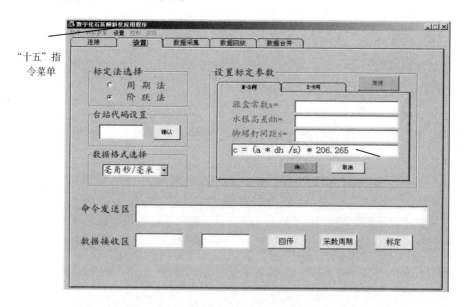

图 5.7.2　设置模块界面

①"九五"方式设置功能。

a.台站代码设置：每个地震台站都有自己的"台站代码"，台站代码为五位数字。用户在台站代码设置框内键入正确的代码后，单击框内的"确认"按钮，即可将台站代码传送给本仪器，传送指令将在"命令发送区"内显示。

b. 标定算法的选择：此选择框内有两个选项，即周期法和阶跃法。周期法不支持自动标定。

c. 在选择了标定方法后，需要进行标定参数的设定。

（a）阶跃法：具体步骤为：输入胀盒常数为四位整数：XXXX；水银杯高差：单位为 mm，保留小数点后一位，XXX.X；脚螺丝间距：单位为 mm，保留小数点后一位，XXX.X。单击"确认"按钮完成此方向数据输入。完成双方向的数据输入后，单击"发送"按钮，将数据传送给前端仪器。

（b）周期法：此标定方法适用于没有安装标定器的台站。具体步骤为：输入折合摆长：请查阅随机手册（单位：mm）；自振周期：该数据是通过测量得到的（单位：s），保留小数点后一位，XX.X；光杠杆长度：单位为 mm，保留小数点后一位，XXXX.X。单击"确认"按钮完成此方向数据输入。完成双方向的数据输入后，单击"发送"按钮，将数据传送给前端仪器。该命令发送的是石英摆的格值常数，为了检验发送的有效性，可单击"回传"按钮，检查数据传输的正确性。

d. 标定：单击"标定"按钮，即开始标定。采用双次标定取平均值来计算格值，注意整个标定过程应避开整点值，以免影响观测精度。

（a）确定标定时，请先进行当天数据的传输和绘图处理，选择没有地震，固体潮汐曲线比较平滑的时段进行标定，精度较高。

（b）第二次标定：一般第一次标定完成时间为 10 分钟，为了让前端仪器比较稳定，一般距离第一次标定时间 25 分钟左右启动第二次标定。通过标定回传命令可检查标定结果。

e. 回传格值：用户如需查看仪器的格值，可单击"回传"按钮，回传指令将在"命令发送区"内显示，仪器传回格值，将在"数据接收区"内显示。

② "十五"方式设置功能。

a. 表述参数：设置表述参数窗口如图 5.7.3 所示，此窗口中可设置台站代码、测项代码、测点经度、测点纬度、测点高程。

b. 测量参数：在"设置"标签中输入标定参数，并确定"数据格式选择"，完成设置测量参数。"数据格式

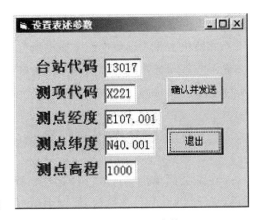

图 5.7.3 设置表述参数界面

选择"中有两个选项：毫角秒、mm。该参数设置后要等到次日 0 时后才生效，以保证整日数据单位的一致性。

（3）数据采集模块。

数据采集模块集中了日常进行数据采集的所有功能。如图 5.7.4 所示。"九五方式"的数采功能由"数据采集"标签中的按钮实现，"十五方式"的数采功能由窗口上端的"获取数据"菜单实现。

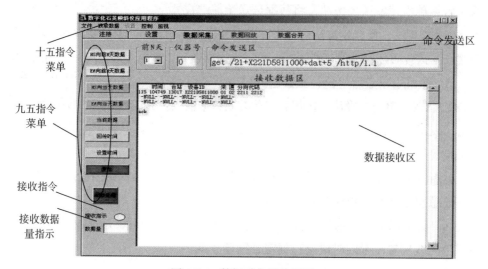

图 5.7.4　数据采集模块界面

（4）数据回放功能模块。

数据回放功能模块使采集到的数据直观地展现给台站观测人员。如图 5.7.5 所示。

（5）数据合并功能模块。

此模块主要实现多个连续显示或打印连续的整天数据文件的合并，并通过绘图显示或打印合并后的数据图形，更好地观察连续时间内的数据变化情况。如图 5.7.6 所示。

5.7.2　WEB 网页参数设置

（1）登录界面。

在主页面单击"进入"按钮后，弹出设备远程控制系统页面和"登录"对话框后（图 5.7.7），在设备 ID 栏中填写 X22158110??，其中" ??"为 00-15 的仪器序列号，端口默认为 81，添入用户名和密码，本机默认为" administrator"和

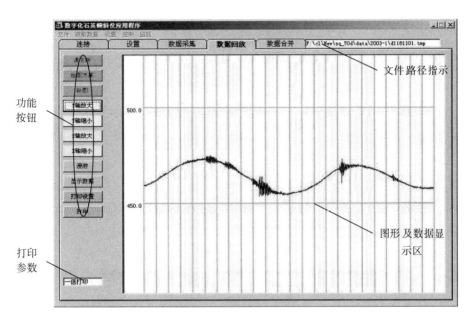

图 5.7.5   数据回放模块界面

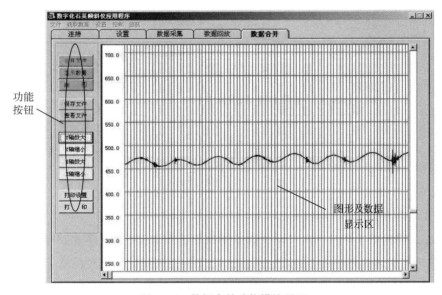

图 5.7.6   数据合并功能模块界面

"********"；完成以上操作后，单击"登录"按钮进入设备管理界面。

（2）设备管理管理。

①用户管理：可以实现密码修改和重新登录功能，密码修改后需要以新的密码重新登录（图 5.7.8）。

图 5.7.7　网页登录界面

图 5.7.8　密码修改界面

②设置参数。

a. 设置测量参数：点击"设置测量参数"进入设置界面（图 5.7.9）。

（a）北南向格值常数：单击该栏后的"计算"按钮弹出如下对话框（图 5.7.10），在折合摆长中键入该分向石英摆的折合摆长，单位为 mm；在光杠杆长度中输入本设备的光杠杆长度，单位为 mm；在周期栏中输入该分向摆的震动周期，单位为 s；确认无误后，单击"确认"，计算结果显示在上一级页面的该栏目中。

（b）东西向格值常数：操作方法与北南向常数的置入和计算相同。

（c）北南向阶跃法常数设置：单击该栏后的"计算"按钮弹出如下对话框（图 5.7.11）；在"北南向胀盒常数"栏中填入该分向的胀盒常数的 4 位整数，位数

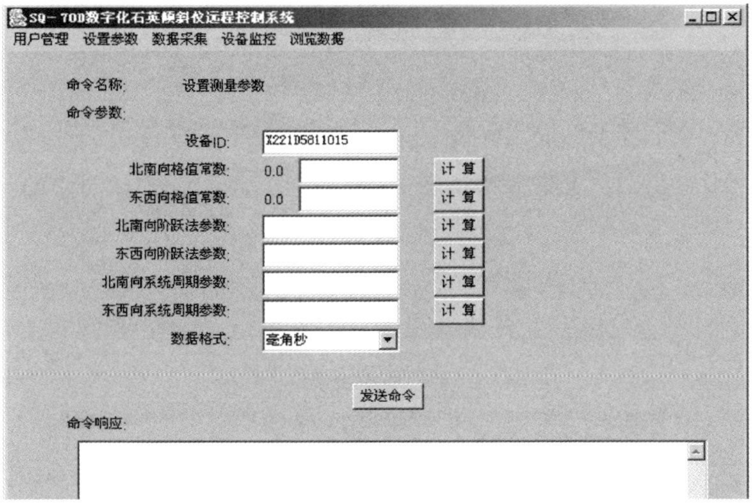

图 5.7.9 仪器参数设置界面图

图 5.7.10 格值常数设置界面

不够的补零;"水银杯高度差"栏中填入水银杯最高与最低点之间的位置差,单位为 mm;"脚螺钉间距"栏中填入该分向本体旁移螺钉与固定支脚螺钉之间的距离,准确到小数点后一位,单位为 mm;确认以上操作正确后,单击"确定",计算后的结果会显在"北南向阶跃法常数"栏中。

(d)东西向阶跃法常数设置:操作方法同"北南向阶跃法常数设置"。

(e)北南向系统周期参数设置:该参数是为整点采样设置的,可以提高整点值的精度。单击该栏后的"计算"按钮弹出对话框(图 5.7.12)。在"折合摆长"中填入该分向的折合摆长值,如果系统没有提供,可以用"70"代替;在"北南向光杠杆长度"栏中填入本系统的光杠杆长度值;将格值常数填入相应的栏目中;"确定"后,计算结果显示在相应的栏目中。

(f)东西向系统周期参数设置:参考北南向系统周期参数的设置方法。

图 5.7.11   阶跃法测量参数设置界面

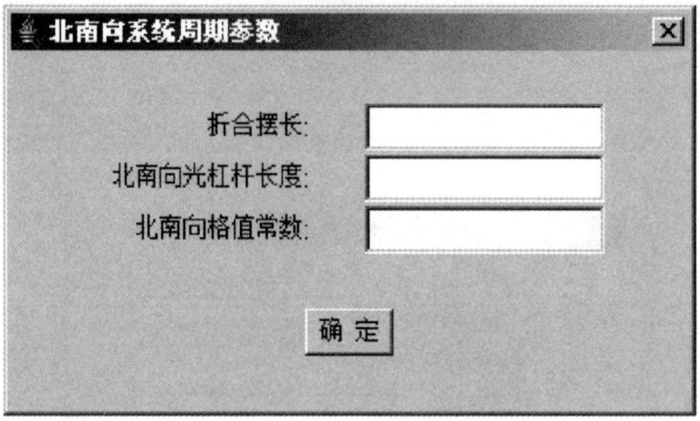

图 5.7.12   周期参数设置界面

（g）数据格式设置：该设置有两个选项，可根据需要选择设置前端数采输出数据为毫角秒或长度值。

完成以上操作，单击"发送命令"按钮。注意：发送的 7 个参数必须同时发送，缺一不可。

b. 设备自校准：该命令用于支持设备的远程阶跃法标定。方法：单击该栏目下的自校准后，点击"发送命令"按钮，可以实现启动设备的标定动作，标定的过程为一个周期，需要两次发送自校准命令。

c. 设备复位：该命令是清除数据区记录命令。方法：在"设置参数"下拉菜单中单击"设备复位"后进入命令发出界面，点击"发送命令"后，如果命令发送成功，会有发送成功的反馈。注意：该命令会清除所有数据区存储的数据，此命令慎用。

d. 停止实时数据传输：该命令是用来停止此前启动的实时数据传输功能。

e. 网络授时：该命令支持基于 SNTP 的网络授时服务。点击下拉式菜单中的

"网络授时"命令后进入授时界面；请确认设备的 ID；将授时服务器的 IP 地址和端口号填入相应的栏目中，确认无误后，点击"确定"。如果授时成功，将会有成功的提示返回。

③数据采集：本系统支持 15 天以内的整体数据和日志文件的采集；支持双分向最近 5 个数据的回传；实时数据回传命令，注意及时关闭实时数据传输功能，以免发生通信故障。同时提供保存文件功能。

④设备监控：该命令支持设备状态信息、设备表述参数、设备测量参数、设备属性信息的回传。

⑤浏览数据：提供浏览数据的功能。

5.8 标定与检测

5.8.1 周期标定法

格值 η 计算公式为：

$$\eta = \frac{2\pi^2}{g} \frac{l_0}{AT^2} \tag{5.8.1}$$

由格值公式可知，格值变化与 A、l_0、T 有关。因光杆长度在仪器安装时已经确定，故只应标定 l_0、T。折合摆长目前是在实验室中用检验平台测定。在台站无测定装置的条件下，只好暂时不予测定，只能认定其为出厂值。于是仪器标定就简化为测定仪器的自振周期了。

5.8.2 胀盒标定法

在水平摆倾斜仪旁移螺丝下放一金属胀盒，胀盒构造类似空气盒压力计。内腔充满水银，用一根几米长的橡皮管把胀盒的内腔与水银连接起来，升高或降低水银杯一个高度 ΔH，便改变了胀盒内腔的压力，使胀盒的上壁隆起（或下陷）一个固定量 Δh 为

$$\Delta h = k\Delta H \tag{5.8.2}$$

式中，k 值是比例常数，可事先用光干涉仪精确测定，例如不锈钢 $k \approx 10^{-6}$。

如果底角螺钉的间距为 d，则施于摆本体的定量倾斜角为

$$\Psi_0 = \frac{\Delta h}{d} = k\frac{\Delta H}{d} \tag{5.8.3}$$

量出光点的位移 δ 后，按下式确定仪器的标定格值

$$\eta_0 = \frac{\Psi_0}{\delta} = 206265k\frac{\Delta H}{d\delta} \quad (''\ /\text{mm}) \tag{5.8.4}$$

这种标定是严密的，也常被用在水管倾斜仪中。

5.9 常见故障统计

对形变台网中石英摆倾斜仪（SQ-70D）的常见故障信息进行了系统收集，结合厂家提供的资料，经整理后得到石英摆倾斜仪常见故障及排查方法一览表（表5.9.1），内容包括仪器故障现象及其特征、故障可能原因分析、故障诊断检测方法、确认故障类型、故障维修步骤等相关内容；此外，一并整理列出故障维修实例（见 5.10），供仪器故障维修工作中参考使用。

表 5.9.1 SQ-70D 倾斜仪常见故障一览表

序号	故障单元	故障现象及其特征	故障分析	故障维修
1	供电单元	不能与仪器建立网络连接	主机开关电源损坏	更换开关电源
2		不能与仪器建立网络连接	网线没有连接好	检查网线连接
			仪器 IP 地址有误	检查仪器网络设置
			仪器编号有误	检查主机机箱内设置仪器编号的拨动开关
			速率设置有误	检查主机机箱内速率，设置为与网卡统一速率
			网关损坏	更换网关
3	数采单元	不能找到仪器网页或网页有错误	网页文件表被破坏	重新上传网页
4		固体潮汐曲线在 2 时 06 分左右频繁有向下或向上突跳	数采主板存储单位有问题	更换数采主板
			时钟芯片有问题，不能产生整时中断	检查时钟芯片是否插好，或更换时钟芯片
5		标定不正常	数采不能正常驱动	更换数采
6		光源灯不闪烁	控制芯片损坏	更换芯片
7		整时值采不到数，数值为 NULL	时钟芯片有问题，不能产生整时中断	检查时钟芯片是否插好，或更换时钟芯片

续表

序号	故障单元	故障现象及其特征	故障分析	故障维修
8	数采单元	光源灯正常闪烁，固体潮汐曲线为零、在某一范围内为零或时常出现零值	1. 传感器输出信号弱 2. 比较电压过高	1. 调整光源灯，使其落到传感器窗口的光线清晰 2. 使用示波器查看传感器电路板上 LF353-7（输出信号）及 LM311-3（比较电压）的输出，通过调节可变电阻 $W1$，改变输出信号的位置，调节可变电阻 $W2$，改变比较电压的大小。一般将输出信号调节至比较电压的两倍即可
9		光源灯正常闪烁，固体潮汐曲线为零、在某一范围内为零或时常出现零值	数采故障	更换数据采集模块
10		系统时间、数据文件时间显示错误	受到强干扰	重新对时
			时钟芯片损坏	更换时钟芯片
11		光源灯不闪烁	低温下（零度以下），控制芯片不工作	发生这种情况一般是在经过运输之后或长时间放置在低温环境下未启动，此时只要改变环境温度并开机一段时间，便可自行恢复
12	光电转换单元	光源灯正常闪烁，固体潮汐曲线为零、在某一范围内为零或时常出现零值	光点在传感器接收范围之外	调节光源灯或者摆体，使得光点在传感器接收范围之内
13		固体潮汐曲线偶尔出现向上或向下呈单边掉格	石英水平摆脚螺钉与底垫块之间接触不稳	轻微触动底垫块，使得脚螺钉完全放于底垫块的凹槽中
14		光源灯正常闪烁，固体潮汐曲线为零、在某一范围内为零或时常出现零值	台站洞室湿度大，摆罩或光源灯的透镜起雾，影响光点亮度	用镜头纸擦拭摆罩体上的透镜、光源灯透镜、光电转换器光缝后的窗口玻璃
15		光源灯不闪烁	光源灯损坏	更换光源灯
			光源灯线路损坏	更换光源灯线
16		光源灯正常闪烁，固体潮汐曲线为零、在某一范围内为零或时常出现零值	光源灯亮度不够	更换光源灯

续表

序号	故障单元	故障现象及其特征	故障分析	故障维修
17	摆体单元	光源灯正常闪烁，固体潮汐曲线为零	检查摆体，通过摆体上面的观测口观察摆杆悬挂是否正常，判断吊绳是否断了	更换摆体
18	标定单元	仪器不能正常标定	标定板不能正常工作	更换标定板
			数采不能正常驱动	更换数采
			标定器可启动但不能正常停止	更换光电开关

5.10　故障维修实例

5.10.1　两分量无数据（电源故障）

（1）故障现象。

2012 年 9 月 25 日雷雨过后，怀来台数据调收无数据。

（2）故障分析。

① 由于两个测向都没有数据，可能为供电故障或网络故障。

② 怀来台水平摆为"九五"并"十五"仪器，在原有仪器基础上增加网络单元，由于网络单元可以访问，排除网络单元故障。

（3）维修方法及过程。

进山洞后，查看仪器电源指示灯不亮，用万用表测量开关电源无供电输出，判断为电源故障。仔细观察开关电源内部发现有元件发黑，估计是开关电源遭雷击所致。

更换开关电源，电源指示灯亮，仪器恢复正常。

（4）经验与体会。

SQ-70D 水平摆电源供电采用的是市场上通用的 12V AC/DC 开关电源，台站应做好备件。

5.10.2　数据突跳（光源灯故障）

（1）故障现象。

2015 年 2 月 18 日开始，水平摆 EW 向曲线出现多处突跳。

（2）故障分析。

仪器的 NS 向数据正常，只是 EW 向有突跳，表明仪器的供电、数采的公共部分正常，初步判断问题出在 EW 向光源灯部分。

（3）维修方法及过程。

进山洞后，打开主机前面板 NS 向和 EW 向"亮度开关"，发现 EW 向灯光比 NS 向灯光弱一些，其他正常。

更换 EW 向灯泡后，两方向灯光亮度趋于一致，之后曲线再未出现突跳现象。

5.10.3　不连续缺数（光电转换器芯片故障）

（1）故障现象。

由于数采原因造成两分量同时缺数一分钟，出现的缺数时间为 05:46、09:46、10:46、14:46、16:46、18:46 等，发现缺数时间比较有规律，即出现在各小时的同一分钟。2012 年 2 月 14 日至 3 月 9 日，水平摆 NS 向突跳较多，2 月 23 日调零校准后，两分量每天都出现很多突跳；2013 年 8 月 8 日至 9 月 22 日，水平摆 EW 向突跳较多，9 月 17 日调零校准后，原本没有突跳的 NS 向开始出现较多突跳，而原本突跳较多的 EW 向突跳消失了（图 5.10.1）。2014 年 1 月更换光电转换器后突跳现象消失。

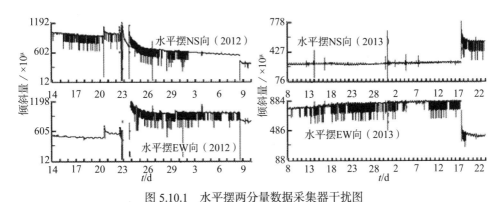

图 5.10.1　水平摆两分量数据采集器干扰图

（2）故障分析。

自 2012 年首次出现突跳多的问题以来，经积极请教有关专家后认为，导致数据突跳较多的原因可能是光源灯亮度和光电转换器 CCD 芯片基准电压、对比电压问题。

（3）维修方法及过程。

将光源灯亮度调暗，当数采采不上数时再将亮度稍微调亮一点，观察两天发现数据突跳问题仍然存在，之后逐步调亮光源灯并观察，几次调整后数据突跳问题并未解决，排除光源灯亮度故障。

检查光电转换器 CCD 芯片基准电压、对比电压。测量发现基准电压、基准电压值均处在工作范围内。根据专家指导意见，将基准电压和对比电压均调高，结果原本没有突跳的 EW 分量开始出现突跳并逐渐采不上数。随后将基准电压调小并保持恒定，对比电压逐步调大，幅度为每次调大 0.5V，结果对比电压由 3.1V 调整到 6.1V，数据突跳问题仍然存在。分析认为，调整基准电压、对比电压值对数据突跳问题有一定影响，但是并不能彻底消除数据突跳现象。

专家重新配置了新的光电转换器 CCD 芯片并发送到台站，更换了新的 CCD 芯片后，水平摆两分量的数据突跳问题解决。

5.10.4　数据突跳（光源故障）

（1）故障现象。

光源过强或过弱造成读数错误。

（2）故障分析。

出现光源过弱故障的原因可能是：电源中断；镜头或 CCD 器件窗口尘土太厚；发光管的限流电阻失调；发光管损坏。

出现光源过强故障的原因可能是：外界光漏入 CCD 器件窗口；发光管的限流电阻失调；CCD 电路板内部失调或损坏。

若光亮太弱，可适当调节电源板上的可变限流电阻以增加光强。

排除光源过强，用黑纸片挡住 CCD 窗口进行试验。如果用黑纸片挡住 CCD 窗口时，故障显示从过强到过弱，可适当调节电源板上的可变限流电阻以减弱光强。

（3）维修方法及过程。

2010 年 12 月 27 日 19 时 07 分起，榆树沟石英水平摆仪东西分量记录不到数据（图 5.10.2），检查时灯里的发光二极管的光线很微弱，更换超高亮度发光二极管，更换过程中不要移动灯架，只拆卸灯筒上的固定螺丝，然后将里面的发光二极管用电烙铁焊下，焊新的发光二级管即可。调整光源灯头的位置、方向使其光束投影到摆镜后，反射到记录器进光狭缝上，形成竖直的细光线。但数据中逢整点有脉冲信号，经检查确定是新发光二极管光线过强所致，调节电源板上的可变限流电阻以减弱光强，仪器工作正常（图 5.10.3）。

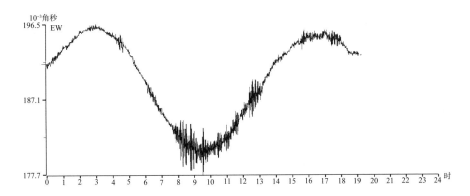

图 5.10.2　榆树沟石英水平摆 EW 分量 2010 年 12 月 27 日分钟值曲线

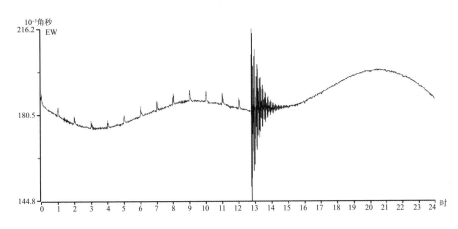

图 5.10.3　榆树沟石英水平摆 EW 分量 2010 年 12 月 31 日分钟值曲线图

5.10.5　不连续断记（光路转换模块故障）

（1）故障现象。

库尔勒石英水平摆仪 4 月 6—7 日 EW 分量出现断断续续的断记现象（图 5.10.4）。

（2）故障分析。

经观察断记时间基本在波峰和波谷（即一天内的最高值和最低值时段），但从数据计算值来看，离记录光缝边缘还差 10mm 多，不像是光点出格。

（3）维修方法及过程。

调试光源灯光线的清晰程度，重启数采，数据恢复正常。

（4）经验与体会。

由于石英水平摆倾斜仪为"九五"仪器改造，仪器运行十年以上，元器件在

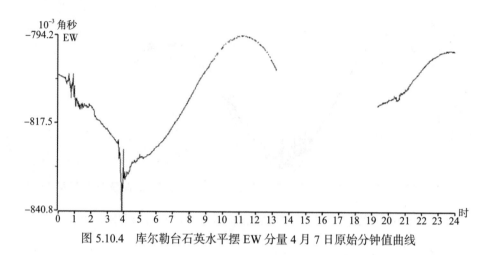

图 5.10.4　库尔勒台石英水平摆 EW 分量 4 月 7 日原始分钟值曲线

洞体内受到湿度和其他干扰时发生变化，对仪器的正常观测造成影响。需要及时更换光源灯及损耗较多的元件，保障仪器的正常运行。

5.10.6　单方向突跳（光电转换模块故障）

（1）故障现象。

库尔勒台 2012 年 3 月 1 日水平摆倾斜出现观测数据突跳（图 5.10.5）。

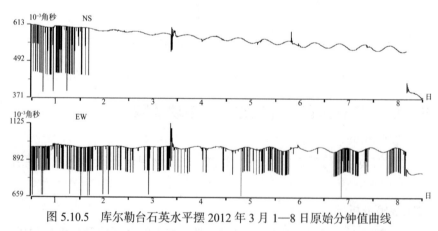

图 5.10.5　库尔勒台石英水平摆 2012 年 3 月 1—8 日原始分钟值曲线

（2）故障分析。

CCD 光电转换器内的基准电压或比较电压不稳定会造成观测数据突跳。

（3）维修方法及过程。

调 NS 分量光电转换器的基准电压、比较电压。经过多次调试后 NS 分量的光点在摆体的窗口上停留，数据突跳现象消失。

若调试光电转换器的基准电压、对比电压无效，可能为 CCD 光电转换器内芯片损坏，解决办法就是更换新的芯片。2012 年 3 月 8 日库尔勒台工作人员到观测山洞更换信号处理电路两块芯片，一大一小，更换后测 $W1$ 电压为 0.47V、3.74V，$W2$ 电压为 3.91V，突跳点消失，数据恢复正常。

（4）经验与体会。

由于石英水平摆倾斜仪为"九五"仪器改造，仪器运行十年以上，CCD 光电转换器在洞体内受到湿度和其他干扰时发生变化，对仪器的正常观测造成影响。若调试光电转换器的基准电压，对比电压无效，需要及时更换 CCD 光电转换器元件，保障仪器的正常运行。

5.10.7 单分量不连续断记（光源故障）

（1）故障现象。

2013 年 7 月 28 日 22:58，巴里坤台地倾斜 EW 向断记缺数，NS 向工作正常（图 5.10.6）。

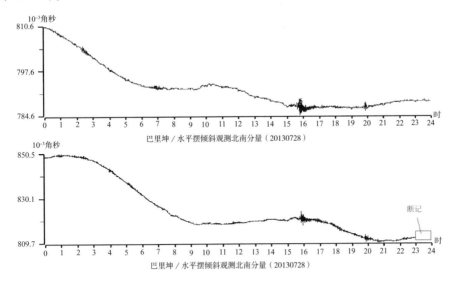

图 5.10.6 2013 年 7 月 28 日地倾斜原始数据曲线图

EW 向断记前，EW 向存在不明原因缺数情况，特别是 7 月 1 日至 7 月 27 日，缺数频繁，经统计，EW 向累计缺数达 126 个。

此前 EW 向缺数情况，怀疑是连日降雨较多，洞体潮湿所致。7 月 14 日，台站工作人员利用调零机会，对周围环境和地倾斜仪器进行全面检查，没有发现周围有干扰源，仪器工作正常，电源电压、电流等参数在正常范围内。但观测室洞体较为潮湿，检修人员对洞体内部进行擦拭并做了进一步干燥处理工作（加放干燥剂）。但 7 月 28 日 22:58 开始，地倾斜 EW 向突然断记，而 NS 向工作正常。

（2）故障分析。

地倾斜 NS 向、EW 向间歇性缺数一个或两个的情况一直存在，但并不明显，也无规律可寻。地倾斜仪采数频率为 1 分钟采集 1 个数据，从缺数的时间段来看，大部分缺数点是发生在 46 分这个时间点上。如：2013 年 6 月 5 日 13:46 分NS 向、EW 向各缺数 1 个；2013 年 6 月 10 日 01:46 分 NS 向、EW 向各缺数 1 个；2013 年 6 月 12 日 00:46 分 NS 向、EW 向各缺数 1 个。只有极个别不在 46 分这个时间点。

统计发现，在地倾斜 EW 向 7 月 28 日 22:58 断记缺数之前，地倾斜存在有偶然性缺数情况，但缺记的个数非常少，以 2013 年 6 月为例，EW 向全月缺数为 9 个。经检查，排查环境干扰因素和人为干扰因素，从 2013 年 7 月 1 日开始，地倾斜 EW 向的缺数个数明显频繁起来。7 月 1 日至 7 月 27 日，NS 向不明原因缺数 6 个，EW 向不明原因缺数 126 个，但 NS 向工作正常。

基于上述现象，初步判断 EW 向某个部件故障。7 月 29 日，检修人员到达山洞后，发现 NS 向光源灯工作正常，EW 向处于熄灭状态。

（3）维修方法及过程。

现场将仪器拆开，发现 EW 向光源灯的二极管烧坏，将烧坏的二极管拆除，更换新的二极管，同时对倾斜仪进行了调零校准。校准后，仪器工作正常，见图5.10.7。

（4）经验与体会。

石英水平摆地倾斜易受周围环境、人为因素的干扰。在冬、春交替季节，洞体比较潮湿，仪器受到较大影响；光源灯长时间工作，会出现老化烧坏等现象，需要检查光源灯的亮度，一旦出现发光强度明显下降，需及时更换光源灯。另外，进行仪器调零校准时，人为干扰对仪器的影响也很大，一不小心很容易使光源点超幅超限，进洞时特别是仪器调零时，一定按照规范要求操作。

5.10.8 整点突跳（光源故障）

（1）故障现象。

2013 年 7 月 30 日，发现地倾斜数据 EW 分量从 11 时开始有整点突跳情况，

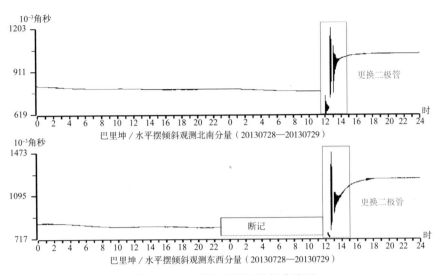

图 5.10.7　维修前后原始数据曲线图

表现为：整点时，EW 分量数值突然小几个毫秒。7 月 30 日 11—23 时，整点突跳不是很明显，突跳幅度为 $-1 \times 10^{-3''}$ 左右，不易察觉（图 5.10.8），方框内为突跳点；7 月 31 日起，整点突出比较明显（图 5.10.9），通过突跳点前后数据列表分析得知，突跳幅度为 $-2 \sim -4$（单位：$10^{-3''}$）之间。

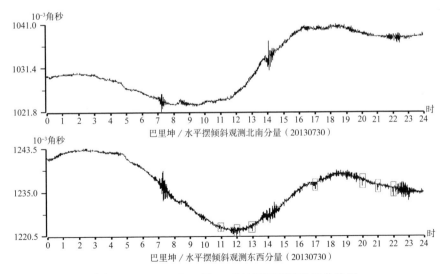

图 5.10.8　2013 年 7 月 30 日地倾斜原始数据曲线图

（2）故障分析。

7 月 28 日 EW 分量断记后，检修人员检查发现 EW 向光源灯故障，后更换

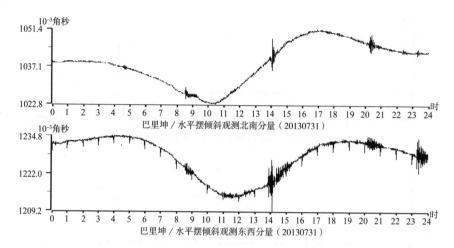

图 5.10.9　2013 年 7 月 31 日地倾斜原始数据曲线图

二极管，地倾斜数据恢复正常。而此次整点突跳是更换二极管后约 18 小时后开始的，因此分析认为，突跳原因是由于 EW 向光源灯存在某些故障所致。

（3）维修方法及过程。

对 EW 向光源灯的亮度进行了调整，之后数据恢复正常（图 5.10.10）。

（4）经验与体会。

对于地倾斜数据波形需时常密切关注，对发生的问题，尽早发现、尽早解决。

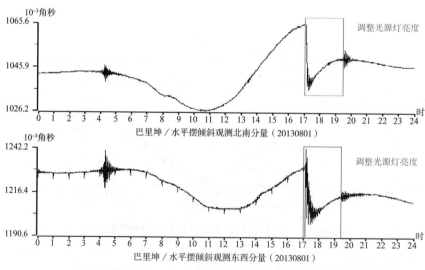

图 5.10.10　2013 年 08 月 01 日地倾斜原始数据曲线图

6 CZB 型竖直摆倾斜仪

6.1 仪器简介

CZB-1 型竖直摆钻孔倾斜仪器，是我国自行研制的第一代基于垂直摆测量原理的井下倾斜观测仪器，该仪器灵敏度高，性能稳定，可远程控制，能够清晰地记录到地球固体潮汐和地震引起的地壳形变。竖直摆倾斜仪安装在井下观测，能够有效地排除地表干扰，对地形、基岩的依赖性不强，具有较好的地域适用性。

6.2 技术指标

6.2.1 传感器技术指标

摆长 200mm

自振周期 约 0.6s

输出信号量程 ≥ ±2V

倾斜电压灵敏度 ≥ 500mv/arc sec

分辨力 0.0002 角秒

仪器线性度误差：<1.0%

线性范围 ≥ 4 角秒

标定重复性 优于 1%

可调范围 ±3°

传感器功耗（每通道）≤ 400mw

探头体积 $\Phi 127 \times 1500mm^3$、$\Phi 110 \times 1200mm^3$

探头总重 约 35kg、30kg、28kg

6.2.2 控制机箱

通道数 2

输入电阻 >2MΩ

衰减比 1、2、4、8

滤波时间常数 $f_0 = 0.01HZ$

稳压输出 ±9V 1A ±15V 0.5A ±3V—±24V 0.5A

交流输入功率 220V 11VA

6.3 观测原理

CZB-1 型竖直摆钻孔倾斜仪的基本工作原理是利用一个竖直悬挂的重力摆来检测地球表面的倾斜变化。

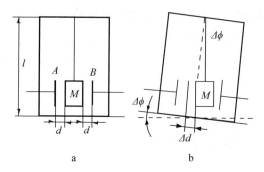

图 6.3.1 竖直摆钻孔倾斜仪基本原理图

M 是一个质量块，用细丝或者簧片把它悬挂在封闭的支架内（图 6.3.1a）；由于地球引力作用，重块必然垂向地球中心。

A 和 B 是固定在支架上的两块电容极板，调整初始状态，假设 M 与 A、B 距离相等都为 d，当地球表面产生倾斜变化时，仪器支架随地表面倾斜 $\Delta\Phi$，（图 6.3.1b），重块仍然保持铅垂方向，重块与和仪器支架相连的电容极板产生了 Δd 的相对位移；Δd 与 $\Delta\Phi$ 成以下关系

$$\Delta\Phi\ (\text{弧度}) = \frac{\Delta d}{l}\ (\text{弧度}) \qquad (6.3.1)$$

用角秒表示为

$$\Delta\Phi\ (\text{角秒}) = 206265 \times \frac{\Delta d}{l}(\text{角秒}) \qquad (6.3.2)$$

式中，l 称为摆长，本例中为摆的转动中心（悬挂点）到测试点的距离；206265 是弧度与角秒的换算常数。因为实际应用时倾斜角度非常小，摆长 l 又是不变的常数，因此 Δd 与 $\Delta\Phi$ 是线性关系。

一般情况下，地球表面倾斜变化是很小的，根据地震前兆观测规范要求，需要分辨到万分之二角秒的倾斜量，设摆长为150mm，应用公式（6.3.2）可以计算需测量出 1.45×10^{-10} 米的位移变化，即 0.145 纳米的位移量。

6.4　仪器结构

CZB 钻孔倾斜仪包括仪器主体（井下传感器）、控制系统、校准装置和数字采集设备四部分（图 6.4.1）。

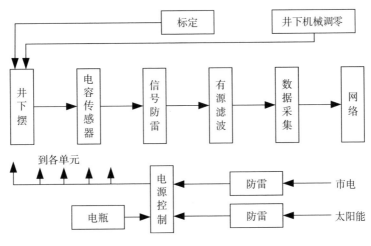

图 6.4.1　竖直摆钻孔倾斜仪结构方框图

6.4.1　井下传感器

井下倾斜传感器的外形和结构见图 6.4.2，其核心部分是一个竖直悬挂的重力摆，可以在任意竖直面内摆动，摆的下部设有检测摆的位移量的电容测微器，当地壳发生倾斜时，自由悬挂的摆相对于与地表连接的支撑架产生相对位移，电容测微器将此微小位移量转换成电压变化。

为了便于调整，摆要悬挂在可以在正交的两个竖直面内灵活转动的摆盒内，摆盒通过轴承连接在探头外壳上。摆盒下方是由两个电机驱动的调整机构，用来把摆盒调到工作位置，也就是使摆处在电容测微器的工作区域。摆盒内还装有静电标定或电磁标定装置，用来检查全系统的灵敏度。全部探头元件装在一个耐压的不锈钢密封钢筒内，钢筒下部连接着定向头，与底座配合，可以把摆放置在所需的方位。探头上部有提把、固紧弹簧、锥形块和三只对称分布的斜面滑块，用来把探头牢固地固定在井孔底部。

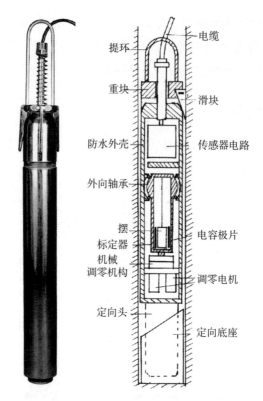

图 6.4.2　探头外形和它的内部结构

6.4.2　主机

主机主要作用：一是为井下探头提供工作电源；二是对井下送来的倾斜信号进一步处理，放大或衰减、滤波、零位调整后送到数据采集器；三是控制井下仪器部分摆的工作状态，使它工作在最佳状态；四是产生校准装置需要的稳定电压与电流，实现系统的校准。

（1）前面板（图 6.4.3）。

①NS 向信号表头和 EW 向信号表头指示井下仪器探头的倾斜方向。指针偏右为"正"，偏左为"负"。

②电机方向开关，标有 0、1、2 等字样。0 为关断；1 为 NS 向；2 为 EW 向。需要调整哪个方向，首先要把电机方向开关放置到这个方向上。

③正负开关，上面标有"＋""－"符号。欲使表针向正，就把开关打到"＋"，欲使表针向负就打到"－"。

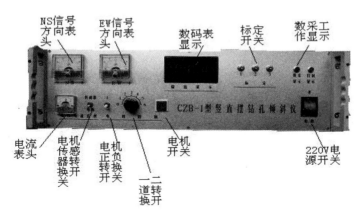

图 6.4.3　前面板图

④按键启动开关是井下调整机构电机的启动开关，压下后电机立即转动，放开后电机停转。长时间压下电机连续转，短暂点一下，成为"点动"，则电机微动。

⑤传感器、电机监视开关，打到"传感器"则电流监视表头指示井下传感器工作电流，正常指示为 2 ~ 3 格；调整井下电机时应打到"电机"，指示井下电机工作电流，正常为 0.2 ~ 0.4 格；当按下启动开关该表无反应，说明电路未接通；按下启动开关该表指示在 1 格以上，说明调整机构卡死，电机转不动。

（2）后面板（图 6.4.4）。

①后面板的电机调速钮的作用是控制井下电机的转速，下井后初调时用快速（顺时针旋到底），细调时用慢速（逆时针旋转 60° 左右）。

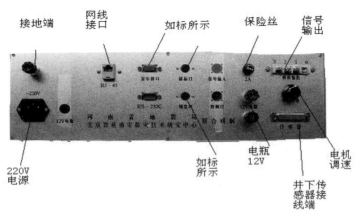

图 6.4.4　后面板图

②传感器 25 针插座（图 6.4.5）。

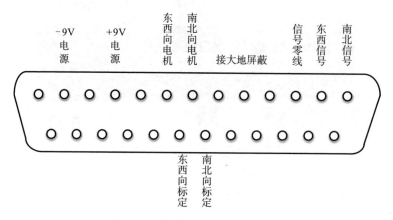

图 6.4.5　传感器 25 针插座接线图

6.5　电路原理及图件

6.5.1　竖直摆倾斜仪原理框图

（1）电容传感器方框图。

电容传感器的原理是把摆的相对位移量先变成电容电桥中电容参数的变化，再经过变换电路转换为电压的变化，电容传感器见图 6.5.1。

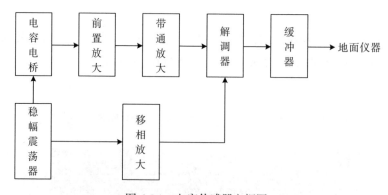

图 6.5.1　电容传感器方框图

（2）仪器整体方框图。

本仪器采用的是 24 位通用数据采集和通信设备。仪器整体见图 6.5.2。

6.5.2　竖直摆倾斜仪原理

竖直摆倾斜仪原理如图 6.5.3 所示。

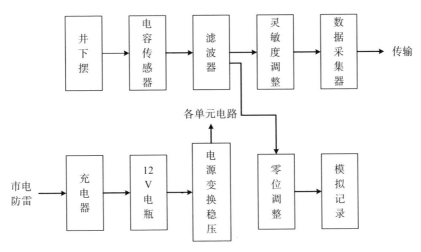

图 6.5.2　仪器整体方框图

6.6　仪器安装及调试

本仪器为钻孔型仪器，适合安装在钻孔底部或者钻孔的中部，亦可以安装在环境温度年变化不大于 1℃，日变化不大于 0.1℃的山洞、矿井、人防工事及其他倾斜观测室中。观测点的选择应当符合中国地震局制定的《地震台站观测规范》第六章第二部分"地倾斜观测台址的选择及观测室条件的有关要求"。钻孔的深度视基岩完整程度而定，一般在 40 ~ 80 米为宜。

6.6.1　仪器底座的安装和测向

仪器的定向底座下部为固紧装置，用来把底座固定在井孔壁上，使它不能转动和下滑，上部为滑轨和定向槽，用来把探头安放在预定方向上。底座的安装方法是用专用工具使支撑杆收回，使用简易绞车将底座徐徐送到井底或预定深度，再拉起控制钢丝绳，支撑杆会自动弹出，撑紧井壁，底座会自动固定在孔内，再提出吊钩和承重钢丝绳，底座下井安装即告完成。底座的测向是用专用的测向杆进行的，把预先校正好的定向杆一根根连接起来，使传递误差限制在很小范围内，把底座定向槽的方向传递到地面上，用罗盘测定磁方位角，再加上当地磁偏角改正，得到底座定向槽的真方位角。在探头安装位置地磁场正常情况下也可以直接用罗盘测定底座方位，将装有罗盘的测向仪连接测向头，下到井底，使定向头与底座方位一致，在地面读取罗盘读数，在加上磁偏角改正，得到底座的真方位角。

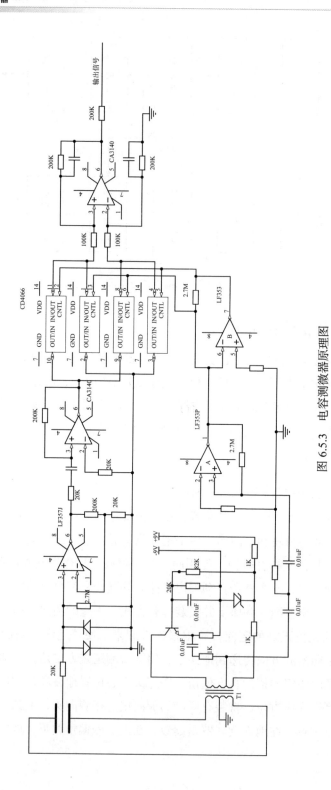

图 6.5.3　电容测微器原理图

6.6.2　井下仪器的安装

（1）根据已测定的底座定向槽方位角，调整仪器下端定位头与传感器零方向的夹角，以使下井后传感器处于正北正东方向。

（2）检查仪器，进行地面调试，确认各功能部件工作正常无误，方可下井安装。

（3）仪器的下井可以使用简易绞车，下井时应十分注意电缆与绳索同步，电缆若下得过快就会挤入仪器和井壁间隙中，造成下井或以后提出困难。下井过程避免探头振动和碰撞。

（4）仪器的定向头接触底座时，可以感觉到定位销在滑轨上的磨擦，着底时有"咯"地一下震动，如感觉不明显可以轻轻提起再慢慢落下仔细体会，在电缆上做上标记，反复几次，比较仪器几次下去的深度，取最深位置为正确的定向位置。

（5）仪器定好向后快速放松钢丝绳，使仪器上端的弹簧把斜块压紧，晃动钢丝绳使吊钩脱离探头上端的提环，取出钢丝绳。再用钢丝绳吊一重锤轻轻敲打仪器顶端，使仪器与井壁紧密结合，提出绳索，下井完成。

6.6.3　井下仪器的调整

（1）机械调整开关、按键及指示表头的功能。

①NS 向信号表头和 EW 向信号表头指示井下仪器探头的倾斜方向，指针偏右为"正"，偏左为"负"。

②电机方向开关，标有 0、1、2 等字样，0 为关断；1 为 NS 向；2 为 EW 向。需要调整哪个方向，首先要把电机方向开关放置到这个方向上。

③正负开关。上面标有"＋""－"符号，欲使表针向正，就把此开关打到"＋"，欲向负就打到"－"。

④按键启动开关是井下调整机构电机的启动开关，压下后电机立即转动，放开后电机停转。长时间压下电机连续转，短暂点一下，称为"点动"，则电机微动。

⑤电压电流监视开关，打到电压，则电压电流监视表头指示井下传感器工作电流，正常指示为 2 ~ 3 格；调整井下摆时应打到电流，指示井下电机工作电流，正常为 0.2 ~ 0.4 格；当按下启动开关该表无反应，说明电路未接通；按下启动开关该表指示在 1 格以上，说明调整机构卡死电机转不动。

⑥后面板的电机调速钮的作用是控制井下电机的转速，下井后初调时用快速（顺时针旋到底），细调时用慢速（逆时针旋 60 度左右）。

（2）仪器下井后的初调。

①把探头屏蔽电缆的 25 芯插头插到机箱后面板的插座上并锁紧。

②将仪器接通 220V 电源，打开电源开关，电源指示灯应正常发光。

③电机调速钮放到快速，根据 NS 表头和 EW 表头显示的正、负状态，将方向开关、正负开关放在正确位置，至关重要。例如，NS 向表头显示正满格，EW 向表头显示为负满格，即 NS 要向负调、EW 要向正调才能到工作区。先将方向开关打到 NS，正负开关打到"-"，这时应该把面板上的监视开关打向"电流"，即显示电机运转电流，压下启动开关，可以看到监视表头有指示，正常应在 0.5 小格以下。因为井孔都有斜度，仪器放入井下，可能倾斜很严重，需要较长时间持续按下启动开关，可能要 30 分钟以上。这时需要交替调整 NS 和 EW 方向，一个方向调 5 分钟后就换另一方向；当调到某一时刻，指示表头的指针会很快从一端跳到另一端，称为"过零"，再调另一方向，仍然交替调整，待两方向都已"过零"，说明已经十分接近工作区。电机调速钮放到慢速，将方向开关打向 NS，正负开关打向需调整的正负位置，断续压下启动开关，即压一下停一下，再压一下停一下，称为"点动"，有时甚至可以点一下立即放开，直到表针跑到合适位置。

④再将方向开关打向 EW，正负开关打向需调的正负位置，断续压下启动开关"点动"，直到 EW 向表针移到合适位置。

⑤由于 NS、EW 是同一个摆，调整一个方向会影响另一方向，交替微调 NS 向和 EW 向，最后一定使用"点动"，直到两方向表针都在满意位置且自由晃动。

⑥注意事项。

a. 每次调电机一定确认方向开关、正负开关已放在正确位置，才能进行。

因为电机通过一系列齿轮、蜗轮作用于摆，而每一级齿轮是有间隙的，因为减速齿轮调整机构内部有齿隙，当调整由正转向负或由负转向正时，电机要"空走"一段，开始调的十几秒钟是不起作用的，这时最好采用"点动"，才能调好。还有个别时候表针会反向偏转，属正常现象，只要开关位置正确，请放心地调。

b. 边调要边注意电机电流指示表头，0.3 小格左右为正常，若超过 1 小格应立即停调，检查原因，一般为电机调到尽头或者阻力过大。

（3）传感器进入工作区的三个标志。

①调整电机时从正到负或从负到正，信号表针能快速"过零"。

②受地脉动影响，表针灵活晃动。

③扳动标定开关，可看到表针微量变化（约 0.1 格）。

（4）快速调整的技巧

①掌握仪器长期漂移规律性，如果 NS 向总是由正向负"漂"，则用"点动"法把表针从负向正调到 +9 格附近，待表针又"漂"到负，再一次调整时，只需"点动"几下就可以又一次把表针从负调到正。这是因为这次和上次调整电机转向一致，不需"空走"。EW 向也用同样方法，可节约大量时间。

②若需要从向负转到向正（或从向正转到向负），电机需要"空走"十秒钟，这时候可以连续按下开关十秒钟后，再"点动"，既快又好。

6.7　仪器功能与参数设置

CZB 型垂直摆倾斜仪与 TJ-II 型体应变仪使用相同的网络接口板及数据采集器，相关功能和参数设置参见第八章 8.7 节。

6.8　仪器标定

本仪器装有静电标定（早期）或电磁标定装置。其原理是人工模拟一个固定的外力作用于摆体，相当于地壳倾斜时重力作用于摆的水平向分力，使摆偏移一个微小角度，所以可以用来测定整个测量系统的灵敏度。

静电标定是在摆的一侧装上一个电容片，与摆体的一个面形成一个电容，在电容上加一定电压，产生静电引力，把摆吸引过去。摆离开原平衡位置，重力作用的水平分力就不为零，从图 6.8.1 中可看到重力的水平分力为 $mg \cdot \sin\theta$，随 θ 增大，此力也增大，偏到某一位置时此力与静电力相等，二者方向相反，摆就稳定在这个位置。

$$\frac{\varepsilon_0 A \cdot V^2}{4\pi d^2} = mg \cdot \sin\theta$$

因为静电力为已知，θ 角就为定值，如图 6.8.1 在记录纸上产生位移为 L，整个系统灵敏度为：

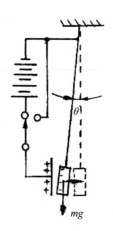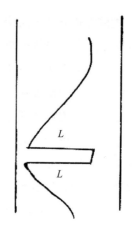

图 6.8.1　静电标定原理

$$\frac{\theta}{L}(arcs/mm) \tag{6.8.1}$$

电磁标定装置是在摆体上装一个小的磁体，在磁体轴线上装一组线圈，线圈固定在摆盒上。当线圈通入电流时，产生电磁力为：

$$F_L = K \cdot I \tag{6.8.2}$$

此力吸引或排斥摆离开原平衡位置，偏转某一角度后，重力水平分力与电磁力平衡：

$$K \cdot I = mg \cdot \theta \tag{6.8.3}$$

θ 与 I 成正比，在实验室内测定 $K \times I/mg$，作为一常数，每次标定都使用固定的电流 I，这时摆偏转的角度 θ 也是固定的，这个角度就是我们在实验室测定的标定常数 θ。

$$\theta = \frac{K}{mg} \cdot I \tag{6.8.4}$$

标定时只要测出标定线圈接通电流后电压变化量 ΔV，就可以计算出系统的灵敏度（格值）。

$$\frac{\theta}{\Delta V}(a\gamma cs/mV) \tag{6.8.5}$$

标定格值的具体做法是搬动控制机箱面板上的标定开关，把一个固定的电压或电流加到井下的标定装置上，使摆系产生一个固定的变化量（相当于给定一个已知的倾斜量，单位为角秒），记录下来仪器检测系统输出的电压量（单位为

mV），前者是仪器生产厂家在实验室测定的常数，一般不会变化的，后者是反复扳动标定开关用下列表格计算出的电压变化量，二者相除就得到单位电压所代表的倾斜量，即我们所要的仪器格值（角秒 /V 或毫角秒 /mV）。为了提高标定精度，需要往返多次观测，观测数据写入计算表格，测定一个方向后再测另一个方向。如表 6.8.1、表 6.8.2、表 6.8.3。

因为标定半年才做一次，标定开关的触点表面会产生氧化物造成附加阻值影响标定精度，所以在正式标定之前，可以先把标定开关反复扳动多次，目的是消除触点表面的氧化物，提高标定准确度。

表 6.8.1　钻孔倾斜仪格值标定表

关（下）	$V1$			
开（上）	$V2$	$V13=(V1+V3)/2$	$\Delta V2=|V2-V13|$	
关（下）	$V3$			$\Delta V_{平均}=（\Delta V2+\Delta V4）/2$
开（上）	$V4$	$V35=(V3+V5)/2$	$\Delta V4=|V4-V35|$	
关（下）	$V5$			

格值 $\eta=$ 常数 K（角秒）/ $\Delta V_{平均}$（毫伏）

武汉台倾斜仪标定举例：

表 6.8.2　武汉台倾斜仪标定

传感器号 C-06	方向 NS	台站	武汉台	日期 2010.11.25
关（下）	0.6311			
开（上）	0.7592	0.6308	0.1284	
关（下）	0.6305			0.1276
开（上）	0.7580	0.6311	0.1269	
关（下）	0.6317			

注：格值 $\eta=0.3972/127.6=0.003113$ 角秒 /mV。

表 6.8.3　武汉台倾斜仪标定（2）

传感器号 C-06	方向 EW	台站	武汉台	日期 2010.11.25
关（下）	0.6234			
开（上）	0.8800	0.6233	0.1567	
关（下）	0.6232			0.1574
开（上）	0.8804	0.6223	0.1581	
关（下）	0.6214			

注：格值 $\eta=0.5945/157.4=0.003777$ 角秒 /mV。

6.9 常见故障及排查方法

收集全国形变台网中 CZB 型竖直摆倾斜仪的运行故障信息，结合仪器厂家提供的资料，经过系统整理完善，编写成故障信息分类、常见故障处置、故障维修实例各部分内容，分别在 6.9 及 6.10 列出，供仪器维修工作中参考使用。

6.9.1 故障信息分类

CZB 竖直摆倾斜仪常见故障及排查方法一览表（表 6.9.1），列出了仪器故障现象及其特征、故障可能原因分析、故障诊断检测与排除方法等信息。

表 6.9.1　CZB 竖直摆钻孔倾斜仪常见故障与排查一览表

序号	故障单元	故障现象与特征	故障分析与原因	检查方法与维修
1	供电单元	走直线	仪器电源板故障	更换
			供电系统故障	检查电源插头、接线及保险管，必要时更换故障电源模块
2		无法连接仪器	数采故障	更换
			数采死机	重启
3		数采无法访问	供电系统故障	检查电源插头、接线及保险管，必要时更换故障电源模块
			PC104 死机	重启数采
			网络部分故障	查看网线接口，内部连线
			pc104 模块故障	更换 pc104 模块故障
4		有一道走直线	模拟信号与数采接头点接触不当	检查重新焊接
5	数采单元	所有测到数据是一条直线	数字面板表如果指示正常，就可以确定数据采集器故障	检查数据采集器
6		记录曲线一道正常另一道直线	检查不正常的一道，滤波后数字电压和信号指针表头是否一致，若一致为数采的问题，若不一致，就是有源滤波器的运放已经损坏	检查数采及控制机箱的运放电路
7		记录曲线上出现短脉冲（单点突跳）	如果两道同步出现可能是交流电网切换，也可能是个近地震，如果指示某一道出现，一般是数采出现漏数现象	检查数采

序号	故障单元	故障现象与特征	故障分析与原因	检查方法与维修
8	传感器单元	井下信号在 ±2V 内所有测到数据是一条直线	传感器故障；主机运放或滤波问题	这时可以先打开井口处的防雷盒，拔掉里面的防雷电路板。给出人工标定信号，信号表针有变化故障在井上，反之在井下首先检查供井下的 ±9V，如果正常问题在井下，需拔出修理；如果不正常则问题在电源部分
9	传感器单元	两道信号打边，启动井下电机很长时间调不回来	往往发生在本地雷电之后，发现两道信号表头都打到边上，启动井下电机很长时间（超过半小时）也无动于表，如果指示超过 2 小格，则是电机被顶死，这情况多半是井下传感器被雷击损坏	这时可以先打开井口处的防雷盒，拔掉里面的防雷电路板，观察信号是否恢复正常，如果仍不正常，则判断井下也被打坏，需要提出修理
10	安装部分	记录曲线上出现阶跃（台阶），可能几个小时出现一次，而且两道同时出现	一般出现在传感器刚安装的一段时间。这是某种原因井下探头与井壁耦合不紧，形成滑动现象	一般偶尔小幅度阶跃会逐渐减少停止，不需要管它。如果幅度大且经常有，可以打开井盖拉紧电缆甩动几下再放回原位，也可以用钢丝绳吊一根铁棒（约3cm，直径20cm长）敲击井下探头上端，使其耦合改善
11	标定与控制	标定超限	有可能是环境比较潮湿，标定开关触点生成氧化膜产生附加电阻	应该把标定开关上下反复扳动多次，目的是把经常不用的开关触点表面的氧化物摩擦除掉，如果仍然不合格，应检查标定电压 15V 的准确性
12	标定与控制	井下调零失灵	电机电路断线或者24V 驱动电源未接通或者24V 模块损坏	按照井下调零方法启动按钮时，仪器面板上的小表头是否有半个小格指示来判断

6.9.2 部分常见故障处置

（1）一般维护方法。

钻孔式仪器的故障判断和故障维修较山洞仪器更为复杂。由于钻孔仪器大部分部件在几十米的井下工作，进行井下部分检修时，需要把仪器探头从井下提到地面上来，打开密封，才能进行检修。检修完以后，需要重新密封安装下井。因此，要求使用者和检修人员清楚地了解仪器各部分的原理和结构，准确分析判定故障原因，必要时通过试验测试找出原因，达到高效修理的目的。根据仪器可能产生的故障，检查的方法通常有以下几种：

①外部观察法。

首先观察仪器外部插头、接线有无断开或松脱现象，如果出现此类情况，查找原因将其进行恢复。此外，充分利用仪器面板上的指示部件，像指示灯、表头等，以及面板的旋钮、开关等进行检查、分析。如电源指示灯显示电源输入部分是否正常，如果熄灭，可能电源插头断线，或保险管烧坏；信号表头可显示两路信号是否正常，若指针靠边，可能超出了工作范围；若指针丝毫不晃动，可能靠摆或传感器损坏。

②感官觉察法。

当仪器出现不工作、数据杂乱、烧毁等故障时，依靠观测者的感官，初步发现产生故障的原因。耳闻：用耳朵听仪器有无异常声响；眼看：即打开仪器机箱，用眼睛仔细观察有无变形、松动、变色、烧焦、烧断的部位，若发现异常，再用别的方法确认。鼻嗅：有时外部看不到电器零件内部烧坏，可是用鼻子靠近就可嗅到一股特殊的焦臭味，可初步判断该元件内部烧损。手摸：用手去摸仪器各个部件有无过热、过凉情况，平时电路工作时，一般元器件只是微热，与室温接近；发热部件如功率管，温度也不超过 50℃，如果发现某个部件达到烫手程度（在 70℃以上），或者小功率集成块温度较高（50℃以上），很可能该部件已被击穿，也可能与它相关的部件有短路现象；又如某功率管一点也不发热，有可能已经断路。

③万用电表检查法。

用万用电表可检查交直流电源的电压，稳压部分是否正常。通过各关键点的电压比较分析，能找出故障原因，初步确定故障位置。

④分段检查法。

通过级与级之间的插接件、开关的断开、交换位置等检查，判断出故障部件。例如，如果记录乱划，可以把信号从某一级断开，乱划的现象停止，说明故障在前端；若仍然乱划，则故障在后面。

⑤NS—EW 交换法。

由于 NS—EW 两个方向的线路完全一样，可以把两路信号交换连接进行试记，根据试记结果分析判断故障部位。但在试验结束后一定要恢复原来状态！例如，有一道记录正常，另一道记录不好，为判断故障部位，可先把信号滤波与数采连接线 NS 向和 EW 交换，如果好的依然好，差的依然差，则故障在采集器本身，反之故障在采集器之前。又如，为判断井上部分还是井下部分故障，可以把控制箱 25 线的输入信号的 NS 向与 EW 向临时交换焊接，如果好的仍好，坏的仍坏，则故障在井上部分，反之故障在井下部分 (包括电缆)。记住试过后一定要把接线还原！否则，轻者造成井下不能调整，重的造成仪器严重损坏！

⑥替换法。

当初步判断某一部分有问题，可以把整块印刷电路板换一块好的，或拔掉集成块，再插上一块新的。如工作正常，就证实原来的已损坏；若故障照旧，说明原来的没坏。

⑦井下仪器震动检查法。

井下不像洞体内的石墩，既看不到也摸不着，有时怀疑井下仪器未固定牢固，会在记录上引起跳动。这时可以打开井口，抓住电缆在井口外甩动，使波动传到仪器，经一个机械冲击，看记录笔头和信号表针跑了多少。如果井下探头已经与井壁结合紧密，这时候笔头仅移动几个毫米，若笔头跑出很远，说明未固定紧，需要加固。

⑧井下仪器原位重下法。

有时井底或井壁附着有泥沙、铁锈等脏物，造成耦合不好，曲线会乱蹦乱跳，可以用钩子挂住仪器上环，提起 0.5 ~ 1m，再重新放下，可能会把脏物挤掉，改变耦合状态。

（2）井下仪器的维修。

井下部分需要维修必须提到地面，打开密封才能进行，需要一套专用设备（图 6.9.1）。由于井下传感器包括外壳和电缆达到数十公斤，从数十米井下提升

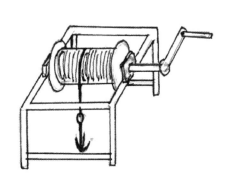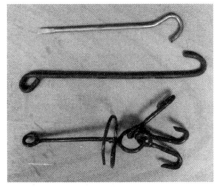

图 6.9.1　维修井下仪器的工具（绞车；单钩；三钩；铁棍）

到地面需要一定的体力和操作方法，必须严格按照操作方法进行，才能保证人员和仪器的安全。盲目求快不顾安全是不可取的！

①井下仪器提出。

a. 专用工具：绞车为一简易提升工具，其大小应合适放在井台上，钢丝绳使用直径 2mm 不锈钢丝绳，三齿钩是在井孔内寻找仪器提环把仪器从井孔内提升到地面的工具，为可活动的三个不同方向的钩子，钩子上端焊有扶正环，其作用是将钩子扶到井孔中间，方便挂住提环；单钩为把仪器放入井孔的工具，要求有一定重量；铁棍是辅助工具。

b. 绞车的钢丝绳连接三齿钩，把三齿钩的保护环套住电缆，然后把三齿钩缓慢下到井底，上下提升几次，会有一个钩子挂上仪器上端的提环，这时还不要急于往上提，要稍松几厘米电缆再快速提紧钢丝绳，确认挂钩已经挂牢提环，才能摇动绞车向上提，另一人必须密切配合，向上搜紧电缆，不能松弛电缆，因为电缆松弛就会被夹到探头和井壁的空隙里，造成卡死或电缆外绝缘被磨坏而报废！

c. 在提升过程中不能求快，一定要一人摇绞车，另一人拉电缆，摇绞车的人要一只手扶紧绞车支架，另一只手摇摇把，不允许不扶支架用双手去摇摇把！因为这样会出危险。

d. 当提环提到井口露出井管时，就可以用铁棍插进提环，把探头暂时悬挂在井口，然后摘掉三齿钩，移去绞车。把探头安全地提出井孔，

②探头放置。

把探头平放在干净地面，用布擦干净上面的水和脏物，再抬到修理工作台上。抬探头时一定要上端高，下端低！不允许倒置与碰撞，以免损坏内部脆弱的簧片，使仪器报废！

③打开外壳。

把探头平放在工作台上，在定向头零方向相对的密封筒的位置打上一个明显标记，以便重下时对准原来的方位，然后卸掉定向头。用专用扳手卸掉探头底部的拉紧螺丝，卸掉探头上部的小定位螺丝，再把专用顶杆螺丝拧进孔内，把顶开器装在外壳底部，旋转顶丝顶紧顶杆，继续旋进，可以将传感器推出筒外（图6.9.2）。

④倾斜传感器的检查。

将井下传感器立在地面上，与地面控制箱连接，接通电源，两道信号都应该满格，手扶探头向北倾斜（指传感器标注的北方向，不是实际的北），信号表头

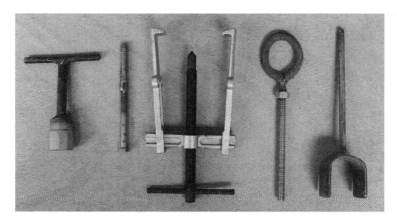

图 6.9.2　维修井下传感器的专用工具

指针应偏向北；探头向南倾斜，指针应偏向南。再向东倾斜，东西向表头应偏向东；向西倾斜，表头应偏向西。如果不符合以上情况，换相应方向的放大电路板再试，直到符合要求。一般来说，后级的放大板较容易坏，前级放大板很少坏。

⑤密封前的进一步检查。

将传感器临时装入外壳，立于较稳定的地板上，启动井下电机进行调零，两方向均可以顺利调过零位，顺利返回。在工作区内进行人工标定，信号表头应有半格左右的变化。

⑥传感器的密封。

已经修复的传感器经地面检查合格后，拔出外筒，刮去外筒内壁多余的硅橡胶，重新抹上一薄层硅橡胶，在 O 型圈上也抹上少量硅橡胶，对好零方向，把传感器放入外筒，为了避免损坏簧片，建议用专用拉进螺丝把传感器拉到位。最后在拉紧螺丝上涂硅橡胶密封，用专用扳手拉紧传感器，完成密封工作。最后把定向头对准方向固定到探头底部。

6.10　故障维修实例

6.10.1　传感器故障（强震后两分量超限）

（1）故障现象。

2015 年 12 月 7 日塔吉克斯坦 $M_S7.4$ 强烈地震造成两分量仪器超限，见图 6.10.1，12 月 8 日请乌恰地震局维修人员去观测点对仪器进行调零操作，发现无法对仪器进行调零，12 月 9 日喀什台维修人员对仪器再次调零，仍然不成功，初步判定仪器出现故障。

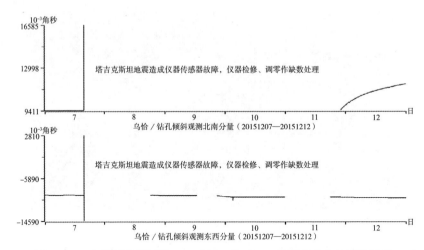

图 6.10.1　乌恰钻孔倾斜仪 2015 年 12 月 7—12 日两分量分钟值曲线图

（2）故障分析。

①巨大地震的强震动信号造成井下仪器与井孔间位置错，致使无法将仪器调到工作区。

②再次对仪器调零，发现 EW 分量可以正常调零，但 NS 分量仍然靠在一边无法调到工作区，因为已经调了较长时间怕把仪器调坏，没有再继续调整。

③电话联系仪器生产厂家，厂家建议继续按照规则调整，密切注视小表头的电机电流指示，只要不超过两格，就可以继续调。

（3）维修方法及过程。

①按专家指导，密切注意电机电机电流条件下大胆调，且两方向交替调，继续五分钟后，面板上两分量仪表指针剧烈摆动，调零成功。

②进行调零操作，仪器两分量均能正常调零。

③根据两分量漂移方向，再次对仪器进行调零操作，仪器调零正常，两分量仪表指示正常，表明仪器基本正常工作。

④观察一个月观测曲线（图 6.10.2），对仪器进行标定，标定重复精度优于5%，并与之前的正常动态变化曲线比较，确认仪器恢复正常 观测。

经验与体会：强烈地震使传感器受到强烈震动，和井壁的机械耦合产生较大错动，造成仪器跑出工作区较远，需要较长时间开动电机才能把它拉回。本仪器调零范围较大，一般只要一边调一边看着电机电流表，只要电流不超限，电机不会卡死。

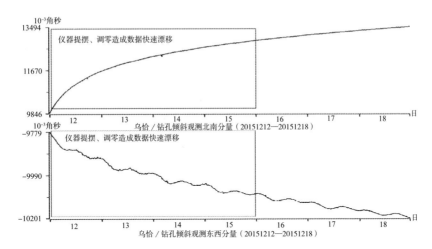

图 6.10.2 乌恰钻孔倾斜仪 2015 年 12 月 12—18 日两分量分钟值曲线图

6.10.2 数采故障 (雷击)

（1）故障现象。

2014 年 7 月 29 日 16:27，荥阳子台发生雷电、暴雨强对流天气，30 日进行数据处理时发现钻孔倾斜仪两方向数据成一直线。

（2）故障分析。

钻孔倾斜仪 IP 地址能 ping 通，但数据不正常，初步判定可能放大单元损坏，怀疑设备或数采被雷击。

现场检查发现，钻孔倾斜仪数采前部面板无显示，重启设备后仍无法进入正常工作状态，确定仪器数采被雷击。

（3）故障维修。

更换备用数采后恢复正常。

6.10.3 数采故障

（1）故障现象。

钻孔倾斜仪 2015 年 3 月 1 日 8:37 后原始数据突然出现大台阶，后边数据出现连续非正常坏数。

（2）故障分析。

ping 仪器 IP 通，前兆数据管理系统仪器在线状态正常，证明通信端口无故障。通过上位机监控软件发现实时数据变化较大，而监控软件正常工作产出的数据是连续稳定的，如实地记录到地壳的倾斜变化，包含地球固体潮汐、地震波、地震及其他原因造成的变化。仪器出现不连续、乱跳、不能如实记录地壳变化时，电话联系子台工作人员，能排除外界干扰因素，证明仪器工作状态不正常，初步判定数采单元可能损坏。

现场检查仪器，发现显示屏、指示灯、信号表头均显示正常。两路信号输出表头指示正常，但输出的数据是一条直线，数字面板表指示正常，基本确定数据采集器不工作。

（3）维修方法及过程。

更换数采后数据恢复正常，仪器标定也正常。

6.10.4　数采故障（数采雷击）

（1）故障现象。

2015 年 7 月富蕴台钻孔倾斜仪被雷击，记录曲线固体潮汐形态消失。

（2）故障分析。

当时不能明确是摆体故障还是数据采集器故障，在联系数采厂家后，使用 25 针的串口将 1.2V 的小电池接到信号两端，数采采集到的信号应该是一条直线，然而采集到的仍然是不规律的波形，确认数采被雷击出故障。

（3）维修方法及过程。

更换一台数采后，数据恢复正常。

6.10.5　数采故障（数采工控板电池失效）

（1）故障现象。

喀什基准台钻孔倾斜两分量出现大量毛刺突跳，两分量同步阶跃、突跳。

（2）故障分析。

检查主机各级供电电压，在正常标称值范围内，电源供电正常，对观测系统进行标定，标定结果重复精度小于 2%，符合要求，因此初步认为观测系统工作正常。检查数采主板电池，由于长期使用已失效，数采断电重启时造成数采时钟错误而产生错误数据。

（3）维修方法及过程。

更换主板电池。对主机输入端接触点进行除氧化处理，并重新焊接，重新进行仪器检查、标定后，仪器恢复正常。

6.10.6 数采故障（时钟紊乱）

（1）故障现象。

2014 年 1 月 2 日，喀什栏杆乡台钻孔倾斜两分量出现大量毛刺突跳，见图 6.10.3。

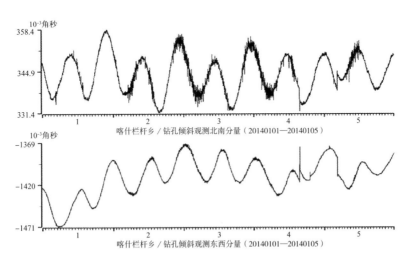

图 6.10.3 喀什栏杆乡台钻孔倾斜故障分析图

（2）故障分析。

检查供电，各级供电电压在正常范围内（传感器和信号处理工作电压 +9V 与 –9V 正常；面板表显示工作电压 +5V 正常；格值标定工作电压 +15V 正常；井下电机工作电压 +6 ～ 24V 和 –6 ～ 24V 正常），稳压模块无明显过热现象，各连接线无松动；采集板检查，供电电压正常，外观无明显故障显示；标定检查，启动标定过程，标定格值未超差；数采检查，数采参数正常，时钟错误。故障分析：本次故障出现在重启数采后，系统供电、标定正常，故障前无明显的干扰因素，根据检查过程，产生错误数据的原因可能是数采时钟错误造成数据采集、存储程序运行错误，从而产出错误数据。

（3）维修方法及过程。

更换采集存储控制板电池，重新校对时钟后，数据恢复正常。

6.10.7 供电线路故障（两分量同步阶跃、突跳）

（1）故障现象。

2014 年 4 月 10 日开始两分量同时出现阶跃、突跳，见图 6.10.4。

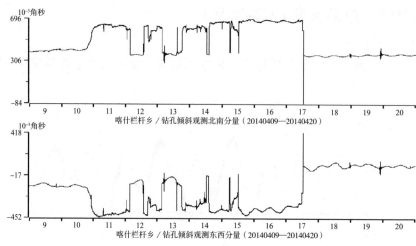

图 6.10.4　喀什栏杆乡台钻孔倾斜故障分析图

（2）故障分析。

两分量同时出现阶跃、突跳，应从系统公共部分着手进行检查，供电、滤波电路、系统时钟、各连接件接触以及探头耦合等都可能引起这类故障。

检查电源：传感器和信号处理工作电压 +9V 与 –9V 正常；面板表显示工作电压 +5V 正常；格值标定（校准）工作电压 +15V 正常；井下电机工作电压 +6 ~ 24V 和 –6 ~ 24V 正常。

检查数采：参数正确，时钟正常。

检查滤波器：两路信号指示表头与显示板显示数据一致，显示板数据稳定。

检查连接件接头接触：检查控制机箱内各功能板间连接线无松动，检查主机后面板 25 针插头焊点接触，发现传感器 +9V 供电线存在虚焊情况，信号线焊点不平整（冬季房间温度低，造成部分焊点有虚焊）。

（3）维修方法及过程。

重新焊接各焊点，启动仪器，恢复正常。

6.10.8　供电系统故障

（1）故障现象。

后山台 2 号钻孔倾斜 2012 年 11 月 14 日 00:49—11:16 数据缺数，11:17—23:59 曲线形态明显，固体潮汐日变清晰，变化趋势正常，见图 6.10.5。

（2）故障分析。

通过查阅工作记录，克拉玛依后山 2 号钻孔倾斜的校准格值正常，初步判

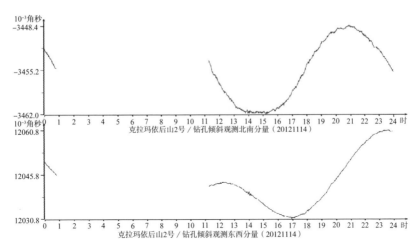

克拉玛依后山2号／钻孔倾斜观测北南分量（20121114）

克拉玛依后山2号／钻孔倾斜观测东西分量（20121114）

图 6.10.5　克拉玛依后山 2 号钻孔倾斜分钟值曲线图

断测点工作仪器基本正常。

克拉玛依台后山 2 号倾斜观测点设备依靠太阳能供电，阴雨天气影响采光，会造成电瓶电量不足，数据缺记。自 2012 年 11 月以来，天气阴晴多变，初步判断是供电不足造成的。

（3）维修方法及过程。

① 调查周边环境：测点 1km 范围内人烟少，无厂区，环境无明显变化。

② 检查供电系统：因长期阴天，太阳能供电系统的电能耗尽，电瓶电压过低，造成断记。用发电机发电，给电池组充电，恢复仪器正常工作状态。钻孔倾斜仪的稳压电源输出电压为 13.2V，电流 0.95A，同时测量了主机后输出电压为 11.95V 和数采的电压为 11.96V，两者供电一致。

③ 检查地面仪器工作状态：控制主机模拟表头显示与数码表显示基本一致，EW 分量 E.EEEE（超限已不显示）。

拨动控制主机上电机传感转换开关，微安表表针摆动 3 小格（探头工作电流正常），测量控制主机给井下传感器供给的 ±9V 电压，分别为 −9.043V 和 +8.845V，说明控制主机给井下探头供电正常，井下探头工作正常。

调零：18：09—18：14 进行调零，此次调零很难调整平衡（0.1V 以内），分析认为可能是井下调零电机所致，但该问题不会影响当前的正常观测。

给直流电源（电瓶）充足电即恢复正常工作。

（4）经验与体会。

针对采光不足影响供电问题，制定突发事件应急预案并严格执行，恶劣天气时加强巡查，同时用发电机给蓄电池充电，确保观测资料稳定、可靠。

6.10.9 信号线路故障（摆线接头虚焊）

（1）故障现象。

2014 年 8 月 10—18 日栏杆乡台钻孔倾斜在原固体潮汐背景趋势下两分量曲线存在多处同步、反向大幅度几字形阶跃、突跳、畸变现象，台阶变化幅度达 $0.9 \times 10^{-3''}$ ，见图 6.10.6。

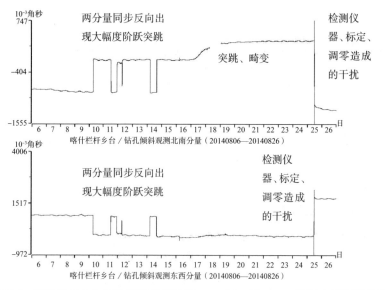

图 6.10.6 喀什栏杆乡台钻孔倾斜仪记录的 2014 年 8 月 6—26 日两分量原始曲线图

（2）故障分析。

①观察栏杆钻孔倾斜历史曲线，查找是否存在相同、类似曲线异常。经查看，无类似异常曲线，无可参考案例。

②仔细观察两分量曲线，几字形台阶变化形态、时间均一致。分析可能存在原因：地震干扰、数采故障、传感器故障、通信单元故障、电源不稳。

③经查看地震目录，该时间段、一定范围内无相匹配的地震。分析后排除地震干扰。

④初步判断为数采故障，或者传感器故障。需现场检测仪器进行验证。

（3）维修方法及过程。

①按下标定开关，数采面板两分量指针立即超限、靠边。标定开关归位，仪器恢复正常。两分量标定开关均存在此现象，无法标定，表明线路传输存在短路。

②断开数采电源，对主机传输线路、接头进行检查梳理，特别注意检查 25 针插接件的插针是否接触不良或与数采连接的摆线接头焊点存在脱焊松动现象。

③重新焊接摆线接头各线头。

④重启数采，仪器恢复工作。

⑤对仪器进行再次标定，标定结果与 2014 年 7 月 3 日格值相比重复精度小于 2%，标定成功。表明仪器恢复正常工作状态。

（4）经验与体会。

因仪器长期工作，多次检查仪器，异常核实，打开摆线插头盖量取电压，造成摆线与数采接头焊点松动，插头线路短路现象。重新焊接、包裹各线头，仪器可恢复正常工作。

6.10.10　标定系统故障

（1）故障现象。

操作标定按钮，电流指示在正常范围内，但输出无变化或幅度很小。

（2）故障分析。

标定时有电流指示，说明标定电路启动，检查标定电压，正常，可能故障部分在井下传感器。

（3）维修方法及过程。

检查标定电压，检查井下供电电压，均正常；提出传感器，放置在平地上，人为倾斜摆体，查看输出信号变化的灵敏性变差，可以判定前置板或摆体结构故障，更换前置板，故障依旧。根据观测过程中，仪器灵敏度在架设初期稳定时间很长，怀疑结构上存在预应力不平衡问题。

打开摆体，检查悬挂系统，调整吊丝及固定部位预应力。仪器恢复正常。

6.10.11　标定系统故障（标定超限）

（1）故障现象。

定期标定时，标定结果重复精度超限。

（2）故障分析。

本仪器的标定装置是高稳定的电磁系统，当发现超限时，一是可能环境比较潮湿，标定开关触点生成氧化膜产生附加电阻；二是标定电压 15V 的准确性。

（3）维修方法及过程。

把标定开关上下反复扳动多次，目的是把经常不用的开关触点表面的氧化物摩擦除掉；如果仍然不合格，检查标定电压 15V 供电稳定性和准确性。

6.10.12　防雷电路故障（雷击）

（1）故障现象。

信号表头一个或者两个指零或者打边（靠到一边超限）。

（2）故障分析。

此类故障一般发生在附近雷电之后。本仪器在井口处装有一个防雷器，对雷电起到瞬间放电分流作用，对井下传感器电路进行保护。遇到强大雷电时，有时放电管被击穿。

（3）维修方法及过程。

先打开井口处的防雷盒，拔掉里面的防雷电路板，观察信号是否恢复正常，恢复正常，只要更换防雷电路板即可。

6.10.13　井下传感器电路故障

（1）故障现象。

雷电过后信号防雷器损坏，拔掉防雷电路板后信号指针在正常范围内，但是进行标定时，但输出无变化或幅度很小 (灵敏度很低)。

（2）故障分析。

该故障发生在较强雷电后，有可能雷电强度超出了放电管保护范围，造成放电管和井下传感器同时损坏，仪器的标定是检查整个测量系统的重要方法，如果拔掉防雷板后标定灵敏度很低甚至无信号输出，可以判断井下放大电路已经损坏。

（3）维修方法及过程。

检查标定电压，检查井下供电电压，均正常；从井下拔出传感器 (探头)，平放在工作台上，按照前面的方法打开仪器外壳，更换前置板和后级放大板，装入外壳进行地面测试，证明正常再密封放回井下。

6.10.14　井下调零故障

（1）故障现象。

仪器调零操作无响应。

（2）故障分析。

井下调零装置是靠主机箱提供 24V 电源驱动调零电机，同时通过电位器调整电机转速，一般出现这类故障可以从电机驱动电源、电机、驱动线路等方面着手检查。

（3）维修方法及过程。

按照调整方法 按下启动按钮时，仪器面板上的小表头应该有半个小格指示，如果没有指示，说明电机电路断线或者 24V 驱动电源未接通调速电位器或者 24V 模块损坏。如果小表头指示超过 3 小格，说明电机被卡死。解决办法：接通线路、换电源模块、若电机卡死可以临时加大调整电压到 24—30V，故障排除后在恢复正常调整电压。

解决方法：接通线路、换电源模块、若电机卡死可以临时加大调整电压到 24—30V，故障排除后在恢复正常调整电压。

7 SS-Y 型伸缩仪

7.1 仪器简介

SS-Y 型伸缩仪是用于精密测量地壳表面两点间的水平长度相对变化的仪器，适用于地壳应变固体潮汐水平分量、地震断层以及大型精密工程水平形变的连续观测。 SS-Y 型伸缩仪由非接触式高灵敏度低噪声位移传感器、线膨胀系数极小的含铌铟瓦棒为基线、精密超微位移标定平台以及全自动数字化采集控制系统构成。

7.2 主要技术参数

（1）分辨力：优于 5×10^{-10}
（2）量程：不小于 5×10^{-6}
（3）线性度误差：不大于 1%
（4）标定重复性：标定重复性误差 < 1%

7.3 仪器测量原理

地应变测量是测量地壳表面两点间的基线长度的相对应变量。

$$\varepsilon = \frac{\Delta L}{L} \qquad\qquad (7.3.1)$$

其中，L 为原地壳表面两点间的距离，亦称基线长；ΔL 为地面两点的变化量，即基线变化量；ε 为单位长度的相对变化量，即应变量。根据约定，压缩为负，伸张为正。

伸缩仪测量原理如图 7.3.1 所示，以 A 点为基点（固定端），B 点为测量端，L 为基线长。上半图为初始架设状态。当地面发生拉伸（或压缩），B 点相对于 A 点产生微小变化 ΔL。假如初始状态差动变压器线圈与可动铁芯的中心点重合，当固定墩与测量墩之间的距离变化时，在特定的环境下，视基线长度 L 不变，差动变压器线圈与可动铁芯之间的相对间距随之变化 ΔL，每一个支架墩相对于基点 A 也产生变化，假定地面是均匀结构，如基线中点 C 相对于基点 A 伸长 $\frac{1}{2}$ ΔL。位移传感器将此变化转换成电压变化，经过前置放大器，由电缆传输至主机输出。通过灵敏度、格值等换算，便可计算出应变量的变化。

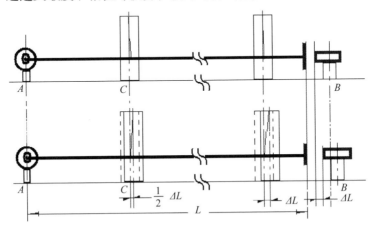

图 7.3.1　伸缩仪原理示意图

7.4　仪器结构

7.4.1　仪器构成

SS-Y 伸缩仪由基线、位移传感器、主机、数据采集器、标定系统等部分构成，如图 7.4.1 所示。

7.4.2　基线

基线是伸缩仪的最基本部件，指标要求仪器的日漂移不大于 10^{-8}，同时此日漂移是在特定的环境下，就是仪器安装的硐体温度日变化不大于 0.03℃。在这两个指标条件下，基线材料的线膨胀系数必须选择小于 0.33×10^{-6}，含铌特种钢瓦材料（Nb-Invar）线膨胀系数比石英线膨胀系数（0.6×10^{-6}）小。试验结果表明含铌特种钢瓦材料不仅线膨胀系数小，而且便于连接、运输，不会产生如石英管的破裂现象，效果较好。如图 7.4.2 所示。

7.4.3　位移传感器

伸缩仪使用高精度位移传感器，它包括线圈、可动铁芯和前置盒，如图 7.4.3 所示。

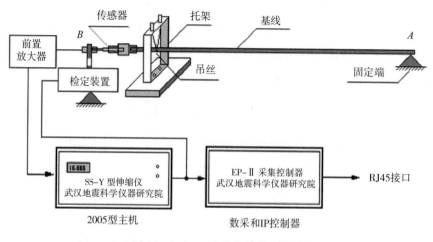

图 7.4.1　SS-Y 伸缩仪结构示意图

图 7.4.2　伸缩仪基线的安装

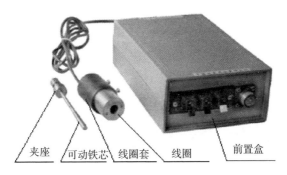

图 7.4.3　位移传感器的组成

传感器数据线是一根五芯屏蔽电缆线，通过五芯航空插座与伸缩仪前置盒相连。管脚的定义如图 7.4.4 所示。1、2 脚是信号线，3、4、5 脚是电源线。其中 3 ~ 5 脚电压为 +20V，4 ~ 5 脚是 –20V。另外 3 个接线柱从左到右分别是：传感器输出、地、放大输出。

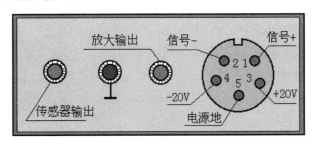

图 7.4.4　前置盒面板图

传感器线圈（探头）连接如图 7.4.5 所示，括号内是印刷电路板上的编号，引线颜色一般为：①为初级线圈，红色；②为初级与两个次级线圈的同向端，黑、黄、绿；③为次级线圈，白色；④为次级线圈，蓝色。如图 7.4.5 所示。

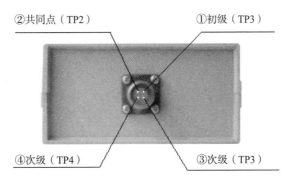

图 7.4.5　前置盒线圈接线图

7.4.4 标定装置

SS-Y 型伸缩仪的标定装置既是标定器又是微动调节装置，如图 7.4.6 所示。

图 7.4.6　标定装置实物图

步进电机的 1、3、5 脚为共同点，2、4、6 脚分别为 3 组线圈输入。主机后面板的标定插座（四芯航空插座），通过四芯电缆线与电机 4 个接点相连，电机上的共同点与主机后面板标定插座的一角相连。如图 7.4.7 所示。

图 7.4.7　步进电机实物图

7.4.5 伸缩仪主机

伸缩仪前面板（图 7.4.8）：检定工作电源和步进电机工作电源指示灯，其控制来自 EP-III 型 IP 数采控制器。

伸缩仪后面板（图 7.4.9）：接线如图 7.4.10 所示。①信号输入端（五芯航空插座）：与位移传感器前置盒连接，一般情况下，1 号接 NS 向，2 号接 EW 向，3 号接斜边。电压为 ±20V。②温度输入端（五芯航空插座）：与温度前置盒连接。电压为 ±9V。③标定端（四芯航空插座）：管脚 1 与标定器共同点相连，其他依次相连。④输出端：是两排塑料底座共 8 个接线柱，通过 1 根八芯数据线与数据采集器相连。1 通道是 NS 信号，2 通道是 EW 信号，3 通道是斜边信号，4 通道是温度信号。第一排依次为数据线的红、黄、蓝、绿；第二排为地，其 4 个接线柱由一根导线连成一体。⑤控制端：数采通过一根九芯线连接主机的标定板控制标定器。

图 7.4.8　伸缩仪前面板

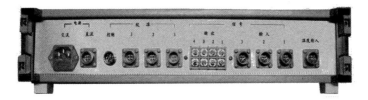

图 7.4.9　伸缩仪后面板

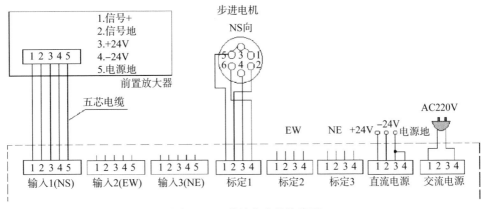

图 7.4.10　伸缩仪主机接线图

7.5　电路原理及图件

7.5.1　差动变压器位移传感器原理框图

差动变压器实质就是铁芯可动的变压器，结构原理如图 7.5.1 所示。

它由初级线圈和两组次级线圈、插入线圈中心的棒状可动铁芯及其连接杆、线圈骨架、外壳等组成。当可动铁芯在线圈内移动时，改变了磁通的空间分布，从而改变了初次级线圈之间的互感量。当初级线圈供一定

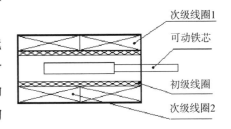

图 7.5.1　差动变压器结构原理

201

频率的交变电压时，初级线圈要产生感应电动势，随着可动铁芯的位置不同，互感量也不同，次级产生的感应电动势也不同，这样经前置放大器把可动铁芯的位移量变成电压信号输出。如图 7.5.2 所示。

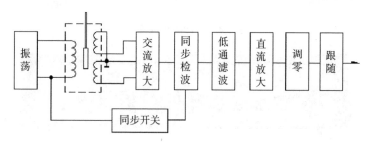

图 7.5.2　前置放大器电路原理框图

7.5.2　SS-Y 伸缩仪电路原理图介绍

（1）前置盒电路。

前置盒电路包括振荡电路、交流滤波、功率放大、差分运算放大、交流滤波、同步检波、直流滤波、直流放大、跟随输出，如图 7.5.3 所示。

（2）主机电路与控制器电路原理。

主机主要功能：为前置放大器提供电源，接收前置放大器的输出信号，遥控标定与电零位调整控制。

①电源电路原理图，见图 2.5.12。

由一对电桥整流，经 LM7820 与 LM7920 稳压输出，供给传感器的 ±20V 电源。交直流浮充自动转换，直流供给为 ±24V 电瓶。

②电机控制电路。

标定器的控制电路是由单片机按大步距标定法的操作流程控制步进电机转动，其驱动电路如图 2.5.13 所示，ZC3-1 为方向转换控制脉冲，控制脉冲为高电平有效，它通过三个与门来控制步进电机的三个绕组。正脉冲时，它直接控制步进电机 2；负脉冲时，通过 IC2A 反向器得高电平，控制另一个测向的步进电机 1，主机前面板的"换向"按键来实现测向控制脉冲的转换。步进电机的三个绕组分别由单片机按一定的时序和频率分别依次通过 ZC3-2、ZC3-3、ZC3-4 和达林顿管（TIP122）驱动电机不断轮换接通，使之转动。因此在连接步进电机的三个绕组时不能搞错，否则步进电机会反转甚至不转。

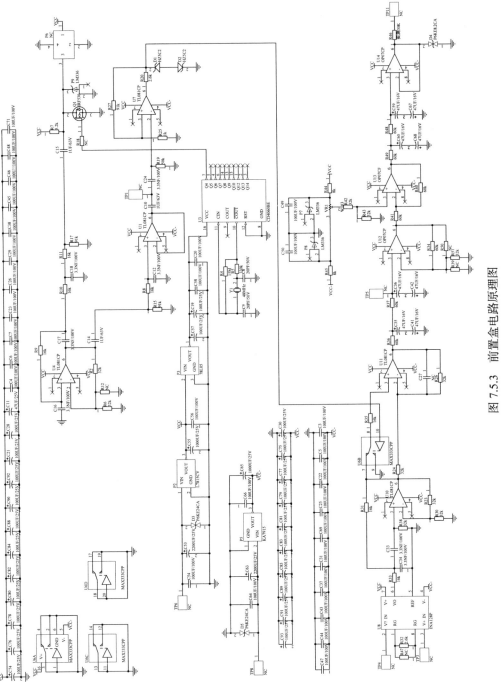

图 7.5.3 前置盒电路原理图

7.6 仪器安装及调试

7.6.1 仪器洞室墩位设置

墩位及密封保温布设如图 7.6.1 所示，安装完成后做好密封保温罩，目的有两个：一是保温，减少温度变化的影响；二是密封，减少气流的干扰。有的台站在泡沫板周围覆盖 1 ～ 2 层农用薄膜，密封保温效果更佳。测量墩和固定墩之间的基岩应无裂隙和夹层，否则降雨干扰相当大。

7.6.2 校准器、固定座及支架的安装

根据仪器洞室墩位设置图，在各墩面上画出仪器安装中心线，按图 7.6.1 所示，在各自的安装孔用配置的膨胀螺丝将校准器、固定座、支架固定在仪器支墩上。注意固定座、支架安装以墩面上画出的安装中心线对齐，再放置基线杆。

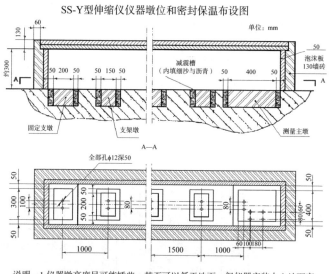

说明：1.仪器墩高度尽可能矮些，甚至可以低于地面，但仪器安装中心地面高度不得高于墩面30mm。
2.测量墩和固定墩与基岩应紧密相连，测量墩与固定墩通常用基岩材料或用大理石材料，支墩材料用基岩或用钢筋混凝土。
3.所有墩面应一样高，高差不大于5mm。

图 7.6.1 SS-Y 型伸缩仪仪器墩位和密封保温布设图

7.6.3 基线与吊丝安装

按照一个支架两根吊丝的数量，预先剪成一段段约 24cm 长的吊丝，每根吊丝两头旋绕在各自调节螺杆的吊丝压紧垫圈之间，并注意旋绕方向（图 7.6.2），

然后由吊丝压紧螺母压紧。安装吊丝时，注意不要折弯，并且在整个安装调试过程中，也要注意不能折弯。调节杆可以上下微量调节，使基线杆保持中心线位置及适当高度，最后要保持两根吊丝松紧程度一致。图 7.6.3 为支架安装图。

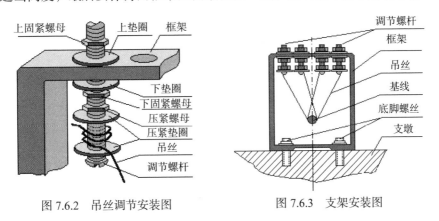

图 7.6.2　吊丝调节安装图　　　　图 7.6.3　支架安装图

基线连接如图 7.6.4 所示，要正确安装，否则会影响仪器正常工作。安装时，一边连接钢瓦棒，一边用吊丝将钢瓦棒吊于支架中。整个基线连接完后，在测量端的钢瓦棒端头装上极片，并注意测量面与安装中心线成垂直，且调节吊丝使金属极片面中心点对准传感器探头中心，两个面保持平行，然后逐个调整各支墩吊丝，使钢瓦基线成为一条直线，并与仪器中心线对齐，可以反复多次，调试完后，将固定墩一端的钢瓦棒固定于固定座上。

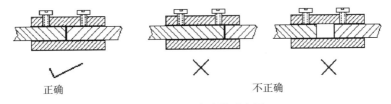

　　　　正确　　　　　　　　　　　不正确

图 7.6.4　基线连接示意图

7.6.4　传感器安装

差动变压器的安装见图 7.6.5 和图 7.6.6。线圈先固定在线圈套上，通过线圈套和基线棒连接，在连接时注意不要有间隙。

可动铁芯通过铁芯夹套安装在检定器上，由固定螺母固定。线圈与可动铁芯的位置需要进行调节，可动铁芯上标有一条安装线，线圈端面对准安装线时，传感器输出在零位附近，但由于高灵敏度传感器，需要仔细调整。

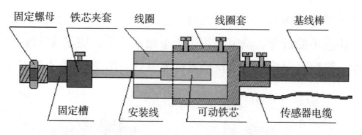

图 7.6.5　差动变压器探头安装

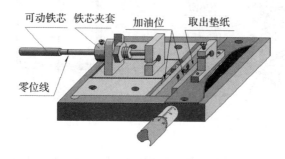

图 7.6.6　可动铁芯在校准器上的安装

调节支架上的吊线，将线圈调成水平，可动铁芯应平行于线圈内孔，不能有磨擦感。传感器电缆与前置盒通过四芯插头连接，引线应放置自如，不要有任何阻力。

7.6.5　布线与密封

从测量墩到记录室布线，一根为前置放大器的信号电源电缆，一根为步进电机控制电缆。布线注意整齐，两端要留出余量。焊接好各自插头，注意反复检查两次以上，无误后，采用逐步通电，用万用表检查前置放大器的插头（插头不要插入前置放大器）电压值是否正确，正确方可连接所有连线，注意在关掉电源后进行连接。此时可再次通电调试。整个仪器架设完成后，就可加盖泡沫板及农用薄膜，使其仪器状态渐趋稳定，就可以开始精密调节。

7.6.6　整机调试与校准

加盖泡沫板密封保温罩，在周围覆盖 1 ~ 2 层农用薄膜，将校准器测微头调在合适位置（即进行校准操作时的零位）。微调校准器底板，微调差动变压器的可动铁芯在线圈中心，使前置放大器输出信号在零附近。将主机与 EP– Ⅲ 型 IP数采控制器连接起来。经 1 ~ 2 天后，漂移减小，调整衰减器，提高仪器记录灵敏度，可以记录到清晰的固体潮汐曲线。试记结束，手动校准器的测微头，再次将前置放大器输出调到零附近，按 7.8 方法操作，进行仪器校准。此后便可正式记录。注意：校准器是高精密的机械装置，所以要避免灰尘与沙土等侵入，在做校准之前必须清洗干净，并加足清油（一般可用缝纫机油），试校准 2 ~ 3 次后，再正式校准 3 次，确认重复性良好后，再进行格值计算，否则格值就会产生较大的偏差。格值偏差较大时，可用千分表加以校核。

7.7 仪器功能与参数设置

SS-Y 伸缩仪与 DSQ 水管倾斜仪都使用 EP–Ⅲ 型 IP 采集控制器，仪器设置与操作类似。详见 2.7.1、2.7.2。

7.7.1 WEB 仪器参数设置

（1）通道设置。

设置仪器各通道的测项代码、位移常数、基线长度、标定幅度与改正数等，如图 7.7.1 所示。

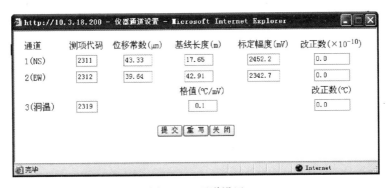

图 7.7.1 通道设置

各台仪器一般有不同的位移常数、基线常数，应该根据仪器情况正确设置。仪器标定时如果成功，会自动计算和更新标定幅度。标定幅度可以设置，意味着可以从多次标定结果中选择最佳的标定幅度，以使仪器计算的格值最佳。

从通道参数计算格值的公式为：

格值 $(\times 10^{-10}/\text{mV})$ = 位移常数 $(\mu\text{m}) \times 10000/$ 基线长度 $(\text{m})/$ 标定幅度 (mV)

（2）标定结果查看。

点击标定记录表中某条记录的"查看记录"，弹出标定结果表，如图 7.7.2 所示。

2005 年 09 月 07 日

分量代码：2311　　　　　　　　　标定器编号码：
基线长度 L(m)：17.65　　　　　　　位移常数 ΔL(μm):43.33

序号	时间	U（mV）	ΔU（mV）	标定计算结果	
0	09：29	255.2		电压灵敏度（mV/μm）	
1	09：30	1467.6			
2	09：31	−981.6	2449.2	56.42	
3	09：32	1466.8	2448.2		
4	09：33	−977.1	2443.9	数采格值 η（$\times 10^{-10}$/mV）	
5	09：34	1468.4	2445.5		
6	09：35	−973.6	2442.0	10.04	
7	09：36	1470.8	2444.4		
8	09：37	−970.7	2441.5	数采校正值 Δ（$\times 10^{-10}$）	
9	09：38	1474.0	2444.7		
10	09：39	−968.1	2442.1	123.5	
11	09：40	242.9			
标定精度（%）		0.19	$\overline{\Delta U}$（mV）	2444.6	

标定者：

图 7.7.2　SSY 型伸缩仪格值标定表

　　格值标定表中数采校正值的计算需要用到原格值，在第一次标定的情况下，如果原格值不正确，则计算的数采校正值亦不正确，这时，建议在"通道设置"中手工将改正数修改回去，或将改正数设为 0。

　　（3）调零。

　　点击"启动调零"启动仪器的调零。SS-Y 型伸缩仪支持各个分量的单独调零，弹出通道选择框进行选择（调零时，只有电压超过 80mV，电机才工作；小于 80mV，电机不工作）。

　　调零启动后，整个调零过程包括动作、改正数计算自动完成，不需要人工参与，也不要打断。

7.7.2　WEB 仪器操作设置

　　（1）查询测量参数。

　　查询仪器当前格值因子、改正数等，如图 7.7.3 所示。

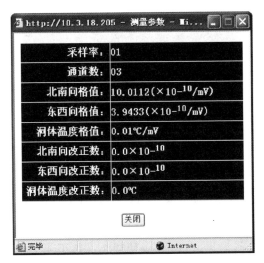

图 7.7.3 查询仪器测量参数

（2）设置测量参数。

设置不能由仪器标定获得的参数，如洞温格值、改正数等，如图 7.7.4所示。

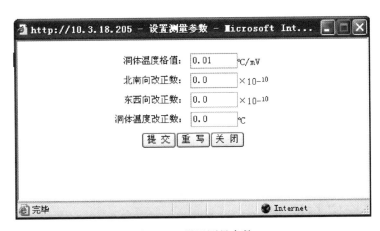

图 7.7.4 设置测量参数

（3）实时数据。

查询仪器当前采集数据、测量数据和时间等，如图 7.7.5 所示。

7.7.3 数据格式

数据格式详见 2.7.3。

一天的观测数据：某日的 00h00m00s 至次日的 00h00m00s 之前的观测数据；

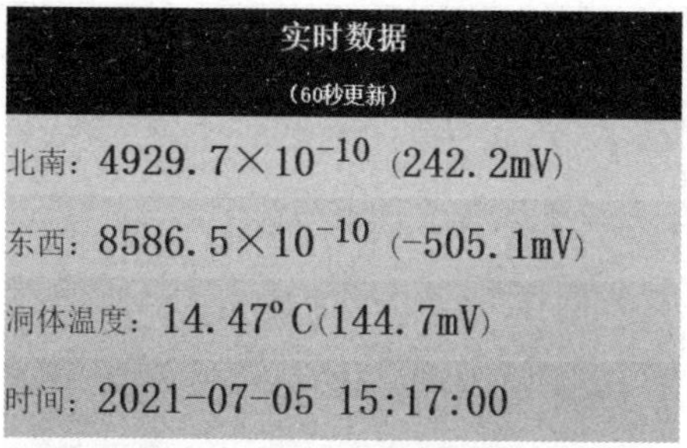

图 7.7.5　实时数据

　　例如：25498 20060318 88888 231XWHYQ0124 01 4 2311 2312 2313 2319 NULL NULL NULL NULL 1130.8 1607.6 500.5 18.1 1130.7 1607.5 500.5 18.1……

　　25498 表示所有数据的字节数，20060318 表示 2006 年 3 月 18 号的数据，88888 表示台站代码，231XWHYQ0124 是仪器 ID 号，01 代表采样率（1 样点 / min），4 表示 4 个通道，2311、2312、2313 及 2319 分别代表北南分量、东西分量，斜边分量及温度，NULL 表示缺测数据，1130.8 1607.6 500.5 181.5 表示某一分钟采集的 4 个通道的数据，1130.7 1607.5 500.5 181.4 表示下一分钟采集的数据。

7.7.4　系统主要配置文件

　　EP-III IP 采集控制器主要配置文件包括 AD 板软件、IP 板软件、网页文件等，见表 7.7.1。

表 7.7.1　主要配置文件表

AD 板软件	C:\update\project\AD\program\SSY_AD.hex
IP 板软件	C:\update\project\IP\program\SSY_IP.hex
网页软件	C:\update\web\SSY

7.8　标定与检测

7.8.1　标定器的工作原理

　　标定器是依据斜楔块原理产生微位移，如图 7.8.1 所示。步进电机转动，带动弹性连轴使测微头随之转动，从而使斜楔块 X 方向位移，进而使滑块产生 Y 方向微位移。探头座与滑块连接。因而步进电机转动，使传感器的探头产生一定的微位移量，从而达到标定（检定）目的。

　　若步进电机步距选择 1.5°，则 240 步使步进电机轴转一圈，带动测微头也

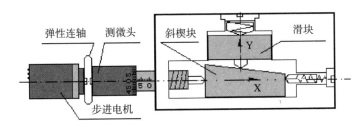

图 7.8.1　标定器结构示意图

转一圈，使斜楔块在 X 方向位移 0.5mm（即测微头螺距）。设斜楔块斜面为 1∶50 时，即 $k = 1/50$，则滑块在 Y 方向上的位移量为：

$$\Delta y = \Delta x \cdot k \qquad (7.8.1)$$

$$= 0.5 \times \frac{1}{50}$$

$$= 0.01\text{mm}$$

所以，步进电机每走一步，滑块的位移为：

$$\Delta y_{步} = \frac{0.5}{240} \cdot k \ (\text{mm}) \qquad (7.8.2)$$

$$= \frac{0.5}{240} \times \frac{1}{50} \ (\text{mm})$$

$$= 0.0417 \times 10^{-3}\text{mm}$$

$$= 0.0417\mu\text{m}$$

这就是说，当步距选择 1.5°、斜楔块斜面为 1∶50 时，步进电机每旋转一步，滑块在 Y 方向上位移 0.0417μm。步进电机的旋转步距由单片机控制。

7.8.2　大步距单向标定法

在实际应用中，为了提高标定测量精度，减小机械空程误差，则采用大步距单向标定法。其具体方式如图 7.8.2 所示。先在原工作点 A 退 4 圈，紧接着进 2 圈到达 1 号点，此时停 30 ~ 50 秒，供读数（或采集），再进 4 圈到达 2 号点，同样停 30 ~ 50 秒，供读数（或采集）后，连续退 6 圈进 2 圈到达 3 号点，以此类推，到达 10 号点

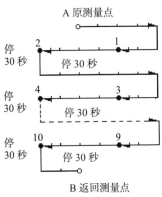

图 7.8.2　大步距单向标定法

后，退2圈返回工作点，反复5次，记录了10个数据，产生9个差值，供计算灵敏度与格值用。标定工作时间先后不到10分钟。大步距单向标定法不仅消除了机械空程误差，而且使标定区就是 日后的工作区。由于标定时间短，不再受潮汐变化所带来的误差影响，也不必再选择波峰、波谷或小潮汐时标定。由于自动标定，避免了人进洞对仪器的影响，所有这些均为提高标定精度提供了保证。零位附近是最佳工作点，在校准前，先将工作点回归到零位，系统将自动控制零位跟踪，校准过程也可人工操作，此时也应采用大步距单向校准法进行。

7.8.3　格值计算

（1）电压校准格值。

$$\eta' = \frac{\Delta l}{\Delta \overline{U} \cdot L} \times 10^{-6} (1/\mathrm{mV}) \qquad (7.8.3)$$

式中，Δl 为检定器位移常数，单位：微米（μm），此值由出厂时提供；L 为基线长度，单位：米（m）；$\Delta \overline{U}$ 电压差的绝对值均值，单位：毫伏（mV）。

（2）计算重复精度。

重复性是表示位移传感器或测量装置的输入量按同一方向作全量程连续多次标定时所得输出特性不一致(离散)的程度。重复特性的好坏还与许多随机因素有关。可以用一下两种方法计算。

①为衡量重复性指标，一般可用极限误差来表示，即用校准数据与相应行程输出平均值之间的最大偏差值，对满量程输出的百分比表示重复误差。

$$重复性(R) = \pm \frac{校准值与均值之最大误差(\Delta_{max})}{满量程(Y_{FS})} \times 100 \qquad (7.8.4)$$

在这里，使用已经校准过的数采仪或数字电压表测量的，其测量值即作为校准读数，重复两点的读数差就是校准值，其均值也就是满度值。

②重复误差是随机误差，用极限误差来表示就不太合理，用标准误差来计算重复性指标是比较合理的方法，具体计算方法如下：

$$R = \pm \frac{2 \sim 3\sigma}{Y_{FS}} \times 100\% \qquad (7.8.5)$$

式中，σ 为标准偏差，即根据贝塞尔公式来计算，即：

$$\sigma = \sqrt{\dfrac{\displaystyle\sum_{i-1}^{n}(y_i - \bar{y})^2}{n-1}} \qquad (7.8.6)$$

式中，y_i 为每次重复两点的读数差值；$\bar{y}$ 为上述差值的算术平均值；n 为测量次数（通常 $n>3$）。

按上述（7.8.5）公式即可计算出重复性指标，一般可取 2 倍的 σ，其置信概率为 95.44%；σ 取 3 倍时，其置信概率为 99.73%。

7.9　常见故障及排查方法

收集全国形变台网中伸缩仪的运行故障信息，结合仪器厂家提供的资料，经过系统整理完善，编写成故障信息分类、常见故障处置、故障维修实例各部分内容，分别在 7.9 及 7.10 列出，供仪器使用维修工作中参考使用。

7.9.1　故障信息分类

7.9.1 列出了铟瓦棒伸缩仪器故障现象及其特征、故障可能原因分析、故障诊断排查方法，具体内容详见表 7.9.1 伸缩仪常见障及排查方法一览表。

表 7.9.1　伸缩仪常见故障及排查方法一览表

序号	故障单元	故障现象	故障可能原因	排除方法
1	供电单元	远程无法连接仪器	电源部分故障	更换供电模块
			电源无指示，检查各节点电压，数采电源故障	更换电源模块
2	供电单元	系统时间显示错误	系统电池耗尽，停电后时间无法恢复正常	更换电池
3		仪器工作正常，电源指示灯不亮	指示灯损坏	检查插头并插紧或更换指示灯
			指示灯接触不良	
4		实时测值为零或乱数	供电线路故障，前置盒无供电	检查维修供电线路
5		曲线畸变，有突跳、噪声大	停电故障，UPS 供电不足，造成缺数	启动备用电源恢复
			同期有打雷天气可能未端限流电阻被击坏	更换限流电阻

续表

序号	故障单元	故障现象	故障可能原因	排除方法
6	数采单元	远程无法连接仪器	同期有雷雨天气，判定可能雷击故障	更换数采
			数采死机	指示灯无闪烁，重启
			网线没有连接好	检查网线连接
			仪器 IP 地址有误	检查仪器网络设置
			网卡错误	等待片刻让系统自动修复。若不行，仪器复位，或更换网卡
7		收取不到数据	系统时间非法，数据文件无法保存	重新对时
8		收取不到数据	数据文件表被破坏	重启动仪器，若不行则清除观测数据文件重新开始记录
9		定期出现数据不正常	存储器一个或两个存储单元损坏	更换存储芯片或返厂维修
10		不能找到仪器网页或网页有错误	网页文件表被破坏	重启动仪器
			操作系统有某些工具阻止网络操作	检查并解除其阻止功能
11		仪器显示屏错误显示	仪器内部接触不良或干扰	重启动仪器
			显示屏接触不良	检查显示屏接插件
12		系统时间显示错误	受到强干扰	重新对时
13	传感器单元	曲线畸变，有突跳、噪声大	传感器受潮老化或接口接触不良	检查端点供电及信号输出、拔插传感器各接口、更换探头
			探头或前置盒故障	更换探头或前置盒
			端点信号避雷器故障	去除避雷器件查看，如曲线恢复正常则更换端点信号避雷器元件
		曲线畸变，有突跳、噪声大	信号线接触不良	固定信号线，重新拔插接口
			传感器受潮漏电，产生突跳	更换传感器
			探头铁芯与套筒有接触	调整铁芯与套筒的同心度
			仪器有接触不良处	检查仪器各接点
			同期有打雷天气可能前置盒内元器件 IN128、TL081 等被击坏	更换相应元器件

序号	故障单元	故障现象	故障可能原因	排除方法
14	传感器单元	实时测值为零或乱数	同期有雷雨天气，判定前置盒被雷击	更换前置盒
			传感器输出超过 ±2V	仪器调零
15	标定单元	仪器不能正常标定（电机不动）	标定控制板不能正常工作	更换标定板
			数采不能正常驱动	更换数采
			电机损坏	检查电机三组线圈电阻是否正常（29Ω 左右）；不正常更换标定电机
			标定器卡死	调整标定器机械传动部分

7.9.2　常见故障及排查

根据伸缩仪工作原理，伸缩仪常见故障可参照以下方法进行排查确定。见表 7.9.2。

表 7.9.2　伸缩仪常规检查点位一览表

位置	工具	方法及判断
主机 220V 插座保险丝座		打开保险丝座，查看保险丝是否熔断
主机开关电源		如电源指示灯不亮，供电后查看主机开关电源指示灯是否亮，判断是否电源指示灯故障
主机开关电源输出	万用表	测量是否跟开关电源的标称输出一致
前置盒传感器输出接线柱	万用表	通过人工调零，观察万用表电压量是否出现 ±4V，判断传感器输出是否正常
前置盒放大输出接线柱	万用表	通过人工调零，观察万用表电压量是否出现 ±4V，判断前置盒及传感器整体是否正常
传感器线圈	示波器	查看是否有正弦波
前置盒瞬态二极管	万用表	测量瞬态二极管两端，查看是否被击穿

7.10　维修实例

7.10.1　电源故障

（1）故障现象。

一开始两分量曲线间断性出现高频干扰，一段时间后干扰幅度变大，并且是持续的，之后仪器停止工作，断记。

（2）故障分析。

①仪器断记之前不久为了检验仪器工作状态，曾经标定过仪器，不管是标定的重复性还是格值的稳定性都符合规范要求，这说明仪器本身是没有问题的。

②对仪器进行 ping 操作，发现无法 ping 通，初步怀疑为电源故障。

（3）维修方法及过程。

现场发现电源机箱、数采都没有工作，判定为电源故障。

该台站采用直流供电。测量直流电源输出电压，只有 ±5V 左右（应为 ±18V）。测量直流电源的输入交流电压为 230V，交流供电正常。

断开直流电源的负载（仪器、电瓶），再次测量输出电压，仍然是 ±5V 左右。因此确定为直流电源故障。更换直流供电模块后，仪器恢复正常工作。

7.10.2　电源模块故障

（1）故障现象。

伸缩仪主机电源指示灯不亮。

（2）故障分析。

交流保险丝断，更换交流保险丝再次加电，保险丝仍熔断，说明主机内存在短路。再次更换保险丝，并将交流变压器输出端接线全部拔掉，检查交流变压器各输出，输出电压正常，进一步检查 9V 电源，7809 稳压器损坏并短路。

（3）维修方法及过程。

更换保险丝及 7809 稳压器。

7.10.3　传感器及标定驱动电路故障（雷击）

（1）故障现象。

2014 年 7 月 30 日进行数据处理时发现，伸缩仪 EW 向数据不正常，曲线为直线。

（2）故障分析。

2014 年 7 月 29 日 16:27 荥阳子台发生雷电、暴雨强对流天气，与仪器故障时间吻合，怀疑部分设备或数采被雷击。

（3）维修方法及过程。

现场目测，伸缩仪数采、主机虽然面板显示正常，但 EW 向实时数据偏小，进行仪器标定，实时数据无变化，标定电机不转动，更换 EW 向备用前置放大盒后，数据恢复，但仪器仍无法正常标定。用万用表测量主机后面板标定线路输出电压，仪器槽内标定电机各脚电压、输出电压正常，证明主机、标定线路正常。

故障可能为主机内标定线路板或者标定电机。基本判定仪器标定板光耦、EW 向前置放大盒被雷击。送修后，设备返回安装，标定正常，故障排除。

7.10.4 传感器故障（假零点）

（1）故障现象。

2014 年 3 月 21 日伸缩仪调零、标定，标定后发现 NS 观测数据图形日变幅变小，见图 7.10.1。

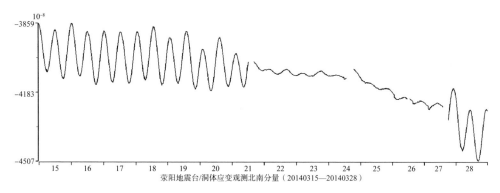

荥阳地震台/洞体应变观测北南分量（20140315—20140328）

图 7.10.1　2014 年 3 月 21 日伸缩仪 NS 向调零出现假零点曲线

（2）故障分析。

由于该现象出现在调零之后，应该是人为调零不当造成的。

（3）维修方法及过程。

缓慢转动调零装置，用万用表观测前置盒的电压变化情况，发现电压变化缓慢、不灵敏，确定仪器调到假零点。此时虽然仪器有信号输出值，但不在正常的线性变化工作范围内。调整零点后工作正常。

（4）经验与体会。

伸缩仪、水管仪、竖直摆正常工作量程是 ±2V，正常工作电压内调零时数据变化灵敏，数据超限、假零点时数据变化不灵敏。在零点附近时通过观测万用表电压变化情况，确定调零是否准确。

7.10.5 传感器故障（探头不居中）

（1）故障现象。

荥阳台伸缩仪 2014 年 3 月 21 日进行仪器标定时，EW 向进行零点调整，标定后日变幅变小。

（2）故障分析。

初步怀疑调到了假零点。

（3）维修方法及过程。

3月24日进行零点调整，并再次仪器标定，标定格值符合要求，但日变幅变小，故障仍未排除，进而怀疑NS向端点感应铁芯蹭壁。3月27日经现场排查，确定伸缩仪NS向S端标定器底座不水平，调整标定器底座，重新安装感应铁芯，故障排除，见图7.10.2。

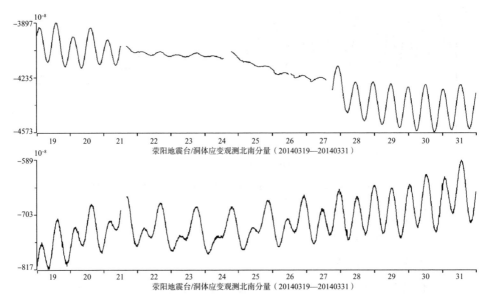

荥阳地震台/洞体应变观测北南分量（20140319—20140331）

荥阳地震台/洞体应变观测北南分量（20140319—20140331）

图7.10.2　2014年3月伸缩仪维修后前后数据曲线

7.10.6　传感器故障（探头线圈受潮）

（1）故障现象。

有固体潮汐形态、噪声大、幅度正常、单方向突跳，见图7.10.3。

（2）故障分析。

由于有固体潮汐曲线，另外一个分量正常，证明仪器的供电正常，故障只在这一个分量。可能的故障点为探头、前置盒、线路。

（3）维修方法及过程。

测量前置盒输出端电压，发现很不稳定。初步确认为探头受潮。更换备用探头后，仪器恢复正常。

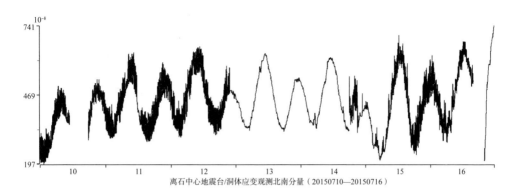

离石中心地震台/洞体应变观测北南分量（20150710—20150716）

图 7.10.3　探头线圈受潮典型曲线图

7.10.7　传感器超量程

（1）故障现象。

仪器面板和网页实时数据为零。

（2）故障分析。

SS-Y 型伸缩仪工作量程为 ±2V，如果监测数据超出量程，直接表现为仪器面板和网页实时数据为零。

（3）维修方法及过程。

进行相应分量的仪器调零。

7.10.8　传感器故障（单分量走直线）

（1）故障现象。

双阳台北南分量曲线出现高频扰动后出现直线，见图 7.10.4。

（2）故障分析。

①问题发生当天无雷电发生，无停电断电现象。

②查看同一时间段东西分量的曲线，发现东西分量曲线固体潮汐清晰、光滑；只有北南分量出现不规则扰动和直线现象。初步判断故障与北南分量的线路、前置盒、传感器有关。

（3）维修方法及过程。

现场检查北南分量信号线缆，线缆完好，没有接头和破损。用万用表测量北南分量前置放大器输出，发现信号极不稳定，对北南分量前置放大器、航空插头进行干燥处理，扰动依然存在，确定为传感器故障。更换传感器后，仪器恢复正常。

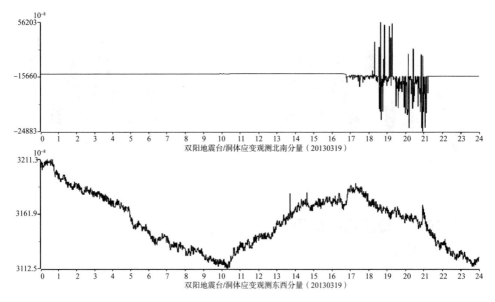

图 7.10.4　传感器故障曲线

7.10.9　数采故障（雷击故障）

（1）故障现象。

2015 年 7 月 19 日，SS-Y 伸缩仪不能进行正常采集数据，见图 7.10.5。

（2）故障分析。

ping 不通伸缩仪数采。19 日为雷雨天气，初步怀疑由于雷击造成网络故障、供电故障。

（3）维修方法及过程。

现场检修，发现 SS-Y 伸缩仪数采前面板指示灯不亮，测量数采的电源适配器发现无供电输出，确定电源适配器被雷电击坏了。打开主机箱检查，发现标定驱动板上 CD4011BE 被击爆了。数采雷击严重，更换备份数采，采集正常并成功标定，24 日后记录恢复正常。

7.10.10　数采故障（网卡故障）

（1）故障现象。

网络连接不通，无法访问仪器主页。

（2）故障分析。

数据采集器网卡出现故障，服务器无法与数采建立连接，致使数据无法得到

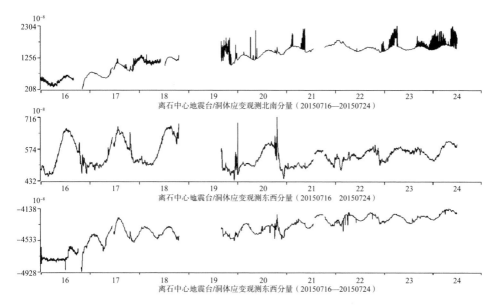

离石中心地震台/洞体应变观测北南分量（20150716—20150724）

离石中心地震台/洞体应变观测东西分量（20150716 20150724）

离石中心地震台/洞体应变观测东西分量（20150716—20150724）

图 7.10.5　数采电源适配器遭雷击无数据

上传，从而导致数据无法转换和预处理。

（3）维修方法及过程。

更换数采网卡。

7.10.11　线路故障（信号线断损）

（1）故障现象。

观测数据大片突跳或断记。

（2）故障分析。

系统信号线路故障主要有线路潮湿腐蚀和虚连两种情况，线路故障往往造成观测数据大片突跳或断记。所以要定期对线路进行检查，插头或连接处悬空放置。

（3）维修方法及过程。

定期检查线路。

7.10.12　数采故障（存储芯片故障）

（1）故障现象。

抚顺台 SS–Y 伸缩仪每隔半个月左右就出现数据文件缺失。

（2）故障分析。

经过与厂家咨询，认为是数据采集器中用于存储数据的三片存储芯片中的一片出现故障，造成定期缺数。

（3）维修方法及过程。

将三片存储芯片全部更换，故障排除。

7.10.13 数采故障

（1）故障现象。

双阳台 2009 年 8 月 5 日 07:59 遭雷击后，北南、东西分量曲线开始出现不规则扰动，见图 7.10.6。

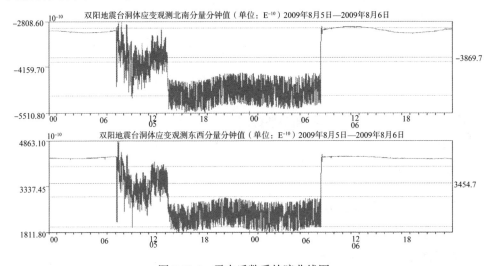

图 7.10.6 雷击后数采故障曲线图

（2）故障分析。

①该扰动因雷击出现，先查看了显示屏幕的当前数据，发现数据与前一天数据相差很多。

②查看同一时间段其他仪器的曲线，发现其他曲线均固体潮汐清晰、雷电期间有轻微扰动，但不是很明显，判断与电源等公共设备无关。

（3）维修方法及过程。

测量了北南分量和东西分量前置盒数据的输出信号，又测量了进入数采端的信号，未发现问题，怀疑数采在雷击后出现了问题，对数采进行了复位操作，发现显示屏的数据与前期数据相差不大且变化稳定，问题得到解决。

7.10.14　标定系统故障（重复精度超标）

（1）故障现象。

标定重复性超出 1%。

（2）故障分析。

故障原因可能是：润滑油粘稠度发生变化；外部杂质进入标定器；机械部分长期不使用。另外，由于标定器斜模块本身存在机械加工的误差，本次标定使用斜模块段可能与前次标定不重叠。

（3）维修方法及过程。

润滑油粘稠度发生变化，清洗标定器，更换新润滑油；

外部杂质进入标定器，清洗标定器，更换新润滑油；

机械部分长期不使用，多次标定；

调整传感器零点和标定器位置，使标定使用斜模块段尽可能与前次标定重合。

7.10.15　标定模块故障（驱动模块故障）

（1）故障现象。

远程网页标定后，仪器没有反应。

（2）故障分析。

可能存在的原因：标定电机故障、千分尺卡死、驱动电路故障。

（3）维修方法及过程。

检查标定电机三组线圈的阻值，约为 29Ω 为正常；

查看千分尺，人为转动千分尺到正常位置；

如果前两项检查均正常，则可能主机的驱动电路板故障，更换或维修后进行标定测试。

7.10.16　观测装置故障（吊丝断）

（1）故障现象。

北南向观测曲线突然向下快速漂移，见图 7.10.7。

（2）故障分析。

由于另外一个测向曲线正常，初步判断公共电源和数采没有问题。初步怀疑为该测向前置盒、传感器或机械装置有问题。

永年地震台/洞体应变观测北南分量（20090501—20090531）

图 7.10.7　吊丝断开造成曲线快速漂移

（3）维修方法及过程。

现场测量仪器供电正常，巡查台站周边环境，也没有明显的干扰源和较大的载荷变化。

检查信号线缆，没有发现有老鼠咬断的情况；更换北南向前置盒，也没有任何效果。

打开密封罩检查仪器的悬挂系统，发现靠近标定装置的第一个支架上左侧的吊丝断开了。更换吊丝并调整工作点，观测恢复正常。

7.10.17　吊丝断裂引起观测数据为零

（1）故障现象。

仪器实时监测数据为零。

（2）故障分析。

吊丝断裂一般是一处或多处，由于吊丝断裂导致铟瓦棒失去平衡而偏离原有位置，致使前置放大器输出电压超出仪器量程，直接表现为仪器实时监测数据为零。

（3）维修方法及过程。

更换断裂吊丝。

7.10.18　标定电源干扰（标定电源未关闭）

（1）故障现象。

观测数据震荡起伏，记录曲线加粗和成片毛刺出现。

（2）故障分析。

SS-Y 洞体应变仪标定电源未关闭，会对观测数据产生干扰，从而导致观测数据震荡起伏，记录曲线加粗和成片毛刺出现。

（3）维修方法及过程。

标定后及时关闭标定电源。

7.10.19　线路故障（老鼠噬咬线路）

（1）故障现象。

2013 年 6 月，伸缩仪 NS 向原始数据经常莫名出现突跳、台阶。

（2）故障分析。

探头故障、前置盒故障、线路故障。

（3）维修方法及过程。

经检查，前置盒输出和数采采集的电压一致，排除传感器和虚焊的因素。仔细排查线路，发现信号线路在洞室内被老鼠咬破，对破损线路予以更换，故障排除，见图 7.10.8。

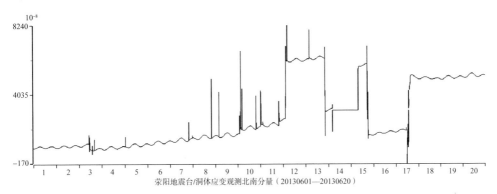

荣阳地震台/洞体应变观测北南分量（20130601—20130620）

图 7.10.8　维修前后曲线图

7.10.20　线路故障（接头焊点氧化）

（1）故障现象。

噪声大，淹没固体潮汐形态，见图 7.10.9。

（2）故障分析。

探头故障、前置盒故障、供电故障、线路故障。

（3）维修方法及过程。

查看网页实时数据，确定输出的电压量，进入山洞测量前置盒输出端电压，

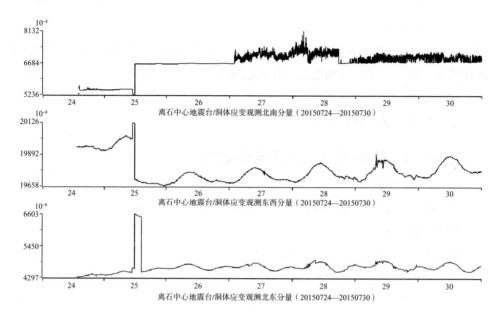

图 7.10.9　信号线路接触不良或接口受潮典型干扰图

发现两个电压不一致；

　　稍微活动标定器的千分尺，发现数据有变化，并且很快稳定，确定传感器正常，故障主要出现在线路部分；

　　断开信号线和前置盒的航空插头，在山洞端短接两根信号线，在主机端测量信号线的电阻值，发现阻值为 5kΩ 左右，远大于正常值；

　　将山洞端航空插头打开，发现信号线路氧化严重，造成阻值变大，影响正常观测；

　　重新焊接接头后，仪器恢复正常。

7.10.21　抽水干扰

（1）故障现象。

　　每天出现规律的三角波，见图 7.10.10。

（2）故障分析。

　　曲线畸变但比较规律，怀疑与电路干扰或周边的环境相关。

（3）维修方法及过程。

　　与台站体应变进行比较，发现受干扰曲线的相位非常一致。同体应变一样受周边抽水的影响，非仪器问题。

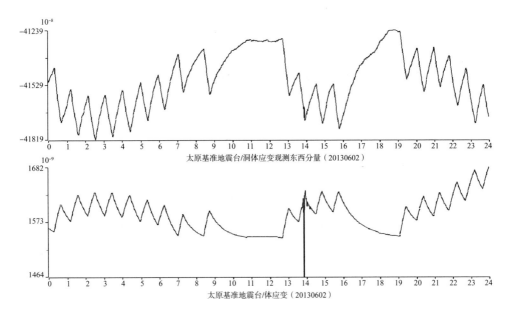

太原基准地震台/洞体应变观测东西分量（20130602）

太原基准地震台/体应变（20130602）

图 7.10.10　抽水干扰

8 TJ 型体积式钻孔应变仪

8.1 仪器简介

　　TJ 型体积式应变仪器 1983 年研制成功，应用于全国台网观测中，至今已达到 100 余套台网规模。TJ-II 型体积式钻孔应变仪是一种测量地壳岩体应变变化的高灵敏度钻孔式仪器。仪器原理明确、结构简单、工作寿命长，有零位自校准（有绝对的机械零位）、工作可靠的特点。TJ 型体积式应变仪先后研发了 TJ-I、II 型两种型号，本章介绍目前主流使用的 TJ-II 型体积式应变仪器。

8.2 技术指标

8.2.1 仪器技术指标

基本量程：6×10^{-6}，并能运用开阀动作将该量程无限拓展。

分辨力：$<1 \times 10^{-9}$。

非线性误差：<1%。

标定重复性误差：<3%。

频带宽度：0-2HZ（探头输出）。

自身稳定性：$<1 \times 10^{-7}/$ 年。

工作环境：室温 5℃ ~ 40℃、相对温度 ≤ 85%、气压 760mmHg 条件下连续工作。

8.2.2 辅助传感器主要技术指标：

气压：测量范围 600 ~ 1200hpa；精度：± 0.1%；灵敏度：1 mV/hpa。

水位：测量范围 0 ~ 10m；精度：1mm；灵敏度：1 mV/cm。

温度：测量范围 0 ~ 50℃；精度：0.1℃；灵敏度：40mV/℃。

8.2.3 地面设备技术参数：

仪器通道数：4 个（体应变、温度、气压和水位）。

存储容量：>100 天的数据。

采样率：1 次 / 分钟。

8.3 测量原理

体应变仪工作原理较为简单，在一个长圆形的弹性筒内，充满了硅油，当它受到四周岩石的挤压或拉伸时，筒内的液体压力发生改变，通过液压的增大或缩小，即可得知岩石的应变状态是压缩还是拉伸。当电压向正向变大时，表示受压缩，即正为压，曲线向上变化；电压值向负向变时，表示受拉伸，即负为张，曲线向下变化（图 8.3.1）。

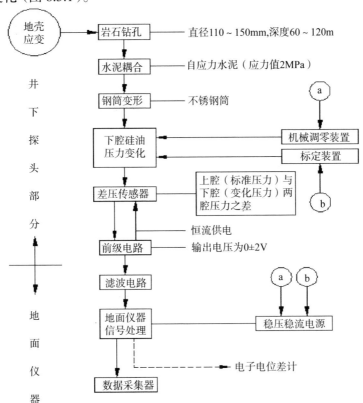

图 8.3.1　TJ-Ⅱ型体积式应变仪工作原理示意图

TJ-Ⅱ型体积式钻孔应变仪采用差压传感器。用于测量感受腔内硅油的压力变化，感受腔与测量腔之间的压力差不断积累，当感受腔的压力与测量腔内的"标准压力"之差达到一定量值时，开启电磁阀门可使感受腔的压力恢复为标准压力，即压力传感器两端的压力差恢复为零。这样可使体应变仪的量程无限扩展。

8.4 仪器结构

通常说的体应变仪，指一个较为完整的观测系统，是由井下探头部分和地面仪器部分组成。

此外，为排除气象因素对地壳应变状态带来的干扰，在体应变仪观测中还需同时观测气压及井水水位的变化。后两者属于体应变仪的辅助观测项目。

8.4.1 井下探头

（1）井下探头的构成。

一个长圆形筒内有一个隔板，将筒分为上腔室和下腔室。下腔室又称感受腔，其内充满硅油。上腔室内装有传感器及电磁阀门，也充有硅油，但在硅油的上方充有氮气。由于氮气的存在，上腔的压力 P_0 基本恒定，但在下腔，只要外力使得腔室的体积有微量变化时，由于硅油难以压缩，硅油的压力 P_1 即会产生明显的变化。硅油是一种性能十分稳定的液体（图 8.4.1）。

（2）差压传感器。

差压传感器用来感受上腔室与下腔室的压力之差，即 P_1-P_0，但实际上 P_0 基本不变（制作时已将 P_0 设定为一个大气压，即 0.1MPa），所以差压传感器所反映的信息，只是下腔室的压力变化，即 ΔP_1，而 ΔP_1 又与下腔体积（内容积）V_1 的相对变化即体积应变 $\Delta V_1/V_1$ 成正比。于是差压传感器的电输出值 e 与长圆筒的体积应变 $\Delta V_1/V_1$ 成正比。

（3）电磁阀门。

电磁阀门，当它通电时能够开启，使得上腔与下腔沟通，两腔间的压力差变为零，$P_1=P_0$，又由于 P_0 是恒定的标准压力（一个大气压），因而开启电磁阀时可使下腔的油液压力恢复为原有的标准压力。

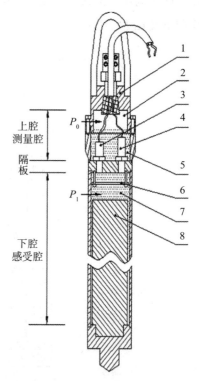

1. 密封盖；2. 氮气；3. 硅油；4. 传感器；5. 电磁阀；6. 标定电阻丝 7. 金属芯柱；8. 硅油

图 8.4.1　体应变仪井下部分的基本构成

开启电磁阀时，硅油液会有少量（如 0.003cm³ 量级）的流动，所需的时间仅需 0.2 秒左右，因此电磁阀门在绝大多数的时间内是关闭的（不通电状态）。

当岩石的体应变变化达 6×10^{-6} 量级时，地面电子线路能自动开启电磁阀一次，使压差传感器的工作点恢复到零位（$P_1 \approx P_0$，电子线路的零位输出近于零 V）。因此，无论岩石应变的变化有多少，体应变仪的测量量程是可以"无限拓宽"的。

在体应变仪的运输与安装过程中，电磁阀门的作用也十分重要。由于在此期间外界温度变化很大，在热胀冷缩的影响下筒的体积也会变化，电磁阀门的不断开启可保护压差传感器，使其所受的压力差在允许的范围之内。

（4）标定用热电阻丝。

在隔板的下方有一组很细的电阻丝，浸在下腔室的硅油液中，当地面仪器启动标定电路时，电阻丝被短暂通电 2 秒，电阻丝发热并将热能散布于硅油中，硅油因受热而"膨胀"。实际上又由于下腔室内没有可膨胀的空间，这一膨胀只能转化为硅油压力的变化，并由差压传感器所感受。

这一转换过程（电能—热能—膨胀）可以从热力学定律及相关的测试给予严格检定，因而由标定电路的通电时间（2 秒）、通电电流等参数，即可得知每次标定所相应的标定幅度（$\Delta V_1 / V_1$）标。该值由厂家给出。

（5）金属芯柱。

在下腔中设有一个金属芯柱，它的作用有二：一是可使探头的灵敏度提高，即同样的体应变条件下，由于金属相对硅油而言更不易压缩，导致硅油产生的压力变化由于金属棒存在而加大，金属棒体积越大 ΔP_1 值越大。二是金属棒的存在加大了探头自身的比重，这有利于探头在下井安装时能自行沉入孔底的水泥中。

通过上述关键部件的了解，可以掌握体应变仪的工作原理。

8.4.2 地面仪器

（1）前面板（图 8.4.2）。

①电源开关：接通 220V 市电，该键显示灯亮。

②面板表：为 $4\frac{1}{2}$ 表，显示各路自探头测量到的信号值，有效值在 ±1999.9 内，超出 ±2V，则显示"0000"，且一闪一闪。

③信号转换：按下 1 为体应变信号值，2 为气压值，3 为温度值，4 为水位值。需关断显示时，轻轻按成不显示档，显示屏不亮即可。

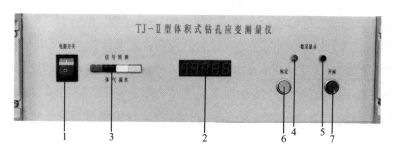

图 8.4.2　仪器前面板

④数采显示灯：闪亮显示为正常采集，存储。

⑤控制指示灯：仪器通过计算机进行标定时显示。

⑥手动标定钮：按动该键，仪器自动向井下送时间为 2 秒的恒定电流。注意：按键不可按住不放，时间不要超 1 秒。按动时，面板表有增量变化。

⑦手动开阀钮：该键为手动开启电磁阀，使用时只需按动一下即可。按键不可按住不放，时间不要超 1 秒。开阀后，面板表显示值会变化到零点输出（小于 50mV）附近。

（2）后面板（图 8.4.3）。

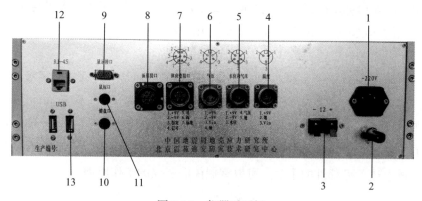

图 8.4.3　仪器后面板

①市电插座：座内置 1A 保险丝两只，接入 220V 电源。

②接地柱：外壳接大地（一般为钻孔的铁套管）。

③外接电瓶接口：接 12V 直流电瓶。

④温度探头接口：三针插座，接温度传感器。

⑤水位及气压探头接口：五针插座，接水位和气压传感器。

⑥气压探头接口：四针插座，当气压计为独立探头时使用。

⑦体应变探头接口：七针插座，接体应变十一芯电缆中的七芯插头。

⑧体应变探头备用接口：七针插座，接体应变探头内的副传感器（七芯插头）。

⑨显示屏接口：接显示器。

⑩键盘接口：接 PS2 口键盘。

⑪鼠标接口：接 PS2 口鼠标。

⑫RJ-45 接口：接网络设备。

⑬USB 接口：接 USB 设备。

（3）内部结构（图 8.4.4）。

主机内部分布有开关电源、电源板、防雷板、模拟板、A/D 采集板及控制板。

①模拟板。模拟板是将体应变井下信号、辅助气压信号、水位信号、温度信号集合，同时将电源提供给各路。体应变信号由于长距离传输，模拟板增加了低通滤波电路；由于开阀需要自动识别，在接近 ±2V 时及时开启，信号归零后立即关闭，设计了施密特电路来完成（前面板也可手动开启阀门）；标定需要恒流源，将稳压 ±10V 的电压转换成电流源供井下使用。在模拟板上设计了专供体

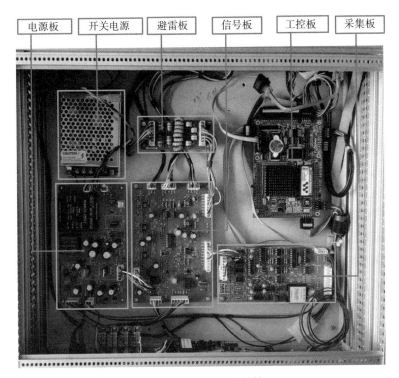

图 8.4.4 主机内部结构

应变井下部分的避雷系统，一旦有雷电侵袭，阻断高压，大电流通向探头，有效保护仪器和探头不受损坏。

②A/D 采集板。A/D 采集板将模拟输出的体应变井下信号、辅助气压信号、水位信号、温度信号做 A/D 转换后通过 RS-232 口送给控制板。

该板 A/D 转换芯片采用了凌特（Linear）公司的数据转换器 LTC2400。LTC2400 是一种微功耗高精度 24 位 A/D 转换器，芯片内部集成了振荡器，工作电压范围为 2.7 ~ 5.5V，积分线性误差（INL）为 4ppm，RMS 噪声为 0.3ppm。该芯片采用独特的体系结构，消除了数字滤波器达到稳定状态的等待时间。通过对 LTC2400 芯片 F_O 脚的设置可以对输入信号中的 50Hz 或 60Hz 干扰进行大于 110dB 的抑制，或采用片外的振荡器输入抑制范围 1 ~ 120Hz 中的干扰信号。芯片采用 Δ-Σ 技术及独特的体系结构，建立时间为单周期，消除了数字滤波器达到稳定状态的等待时间，供电电流仅为 200μA（待机时间为 20μA）。

LTC2400 采用与 SPI 接口兼容的三线数字接口，可应用于高分辨率和低频场合。

③控制板。控制板有如下特征：采用 Windows CE 操作系统；低功耗的 PII 级别的 CPU；支持 64M 或 128M SDRAM 内存；支持 DOC 或 CF 卡；IDE 接口，支持 10M/100M 自适用 RJ-45 接口两个，CRT 接口一个，串口 5 个。

8.5 电路原理及其图件

8.5.1 TJ-II 体积式钻孔应变仪原理框图

TJ-II 体积式钻孔应变仪原理如 8.5.1 所示。

8.5.2 电路原理图介绍

（1）激励电源。

为保障激励电流的纹波指标及稳定性指标，一是供给前级放大的地面稳压直流电源的纹波与稳定性指标必须给予保证，二是选择性能优良的前级电路方案。

在工艺上，由于要经过电阻及电位器限定恒流电源的电流值，因而十分注意电阻及电位器的挑选及老化。

（2）前级电路。

由于空间的限制，也由于放大倍率不需很高，因而采用一级放大。

经比较，选用 INA128 集成电路。其优点是功耗小（几毫瓦）、温度漂移小，

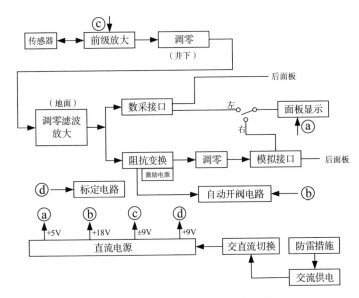

图 8.5.1 体应变仪电路原理方框图

噪声小，外部元件少（如：只有一个外接电阻 R_G 完成增益调节），稳定性、可靠性很高。它的应用使得地面电路中的信号通道十分简捷。如图 8.5.2 所示。

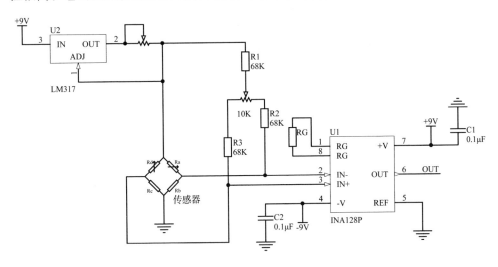

图 8.5.2 前级电路

（3）滤波电路。

采用的有源滤波器具有较好的选频特征，现在使用的通频带为 0 ~ 5Hz，也可以调节为 0 ~ 10 Hz，阻尼系数在 0.7 附近（图 8.5.3）。

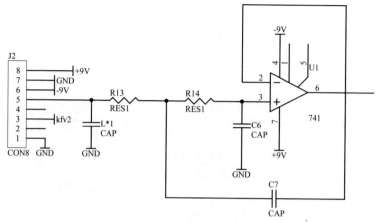

图 8.5.3　滤波电路

（4）阻抗变换器。

高输入阻抗及低输出阻抗电路，放大倍率近为 1 且十分恒定，见图 8.5.4。设置阻抗变换器的目的，是使其后的信号电路与自动开阀电路两者互不相扰。

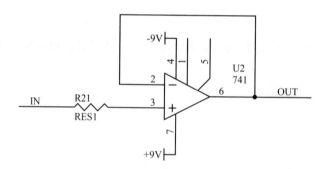

图 8.5.4　阻抗变换电路

（5）标定电路。

如图 8.5.5 所示，由 555 时基电路和 RC 网络组成延时网络，通电时间 $t=1.1R_{27}.C_{11}$，这两个元件的质量十分关键。

常态：2 脚高电位，输出 3 低电位，继电器 J_1 不吸合；

标定时：触动 K_3，2 脚低电位，3 脚高电位，继电器吸合 2 秒。

（6）自动开阀电路。

控制电路由两部分组成，一为反相器 A、B 构成的施密特触发器，二为晶体管驱动器，如图 8.5.6 所示。

电路的常态：施密特电路输出端低电位，三极管 BG 截至，继电器电流为零，触点断开，电磁阀关闭。

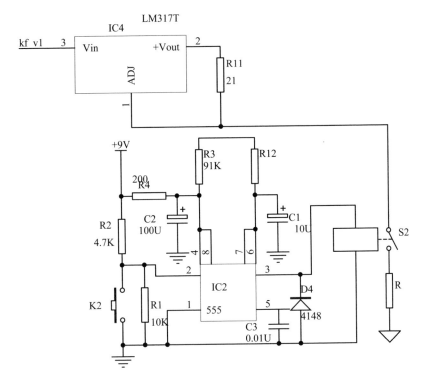

图 8.5.5　标定控时电路

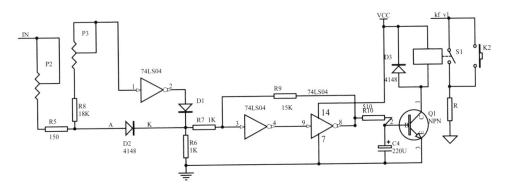

图 8.5.6　自动开阀电路

当信号电路的电压加大，达到施密特电路的触发值时，电路输出高电位，三极管饱和导通，继电器吸合，电磁阀通电电路开启。

（7）电源电路（图 8.5.7）。

当有交流电时。经整流滤波后产生的电压高于 12V，即比电瓶的电压为高，二极管导通，电瓶处于等待状态而不工作。

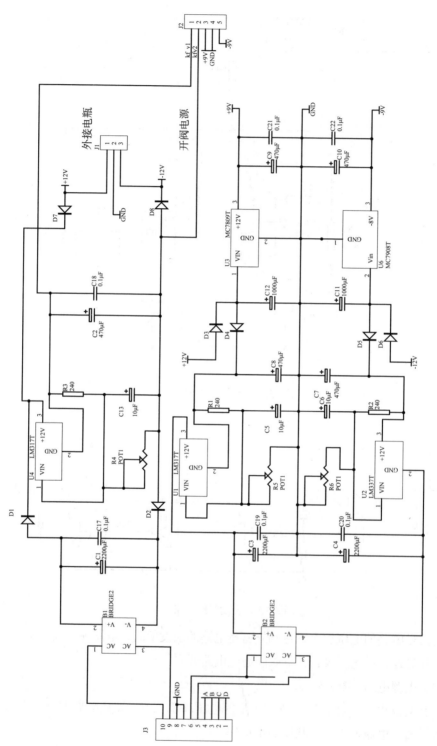

图 8.5.7　直流稳压电源

没有市电时，电瓶通过二极管向 7809、7909 供电，实现交直流切换。

（8）辅助测项前置信号调理电路（气压、温度、水温)(图 8.5.8）

（9）主机主控电路及接口电路（CPU)(图 8.5.9）

（10）主机数据采集电路（A/D)(图 8.5.10）。

（11）防雷措施。

①为防止从市电串入高压电，在变压器次级联有 TVS 瞬态干扰抑制器，它能在 10 ～ 12 秒时间内吸收千瓦级的浪涌功率，见图 8.5.11（A）。

②为防止感应雷的影响，用一粗导线将探头外壳—钻孔套管—仪器外壳相联接，构成等电位体；

用压敏电阻分别将探头的七根芯线联接到仪器外壳（备用探头的四根芯线直接连到外壳），必要时可再加上瞬态二极管，见图 8.5.11（B）。

8.6　体应变仪的安装与调试

8.6.1　观测室的条件与要求

（1）体应变观测室的使用面积不小于 5m²，室内没有腐蚀性气体。工作台可由水泥台或较稳重厚实的木制桌或计算机工作台构成，桌面面积不小于 1 m²，观测室距钻孔不超过 20m。

（2）年温差不大于 30℃；日温差不大于 5℃；湿度不大于 90%。做好防尘工作。

不要让阳光直射电子仪器，不要将暖气或火炉等热源与仪器离得太近，不要有振动源（如大型电机）影响仪器。

（3）市电压须在 180 ～ 250V 范围内。若市电压变动范围超过上述值，须另外配置交流稳压装置。若市电的停电时间超过 2%（每年累计约 7 日），须配备直流供电系统，或是购置一套 100W 的逆变电源。

（4）室内基本配置。椅子 2 张，室温计（或温湿度计）1 只，挂钟 1 个。

设立工具箱，内有万用表、电烙铁及焊锡、镊子、脱脂棉、酒精、吹气球、中号及小号改锥、钳子、连接用电线及线夹、放大镜、剪刀及各种易损件。

设立文具箱，内有铅笔及铅笔刀、橡皮、直尺、记录本、计算器、白纸。

设立资料柜，内有仪器使用说明书、仪器安装报告、历次仪器维修记录、仪器维修人员及资料分析人员的通信地址与应急联系方法等。

（5）地线。多数台站，可用钻孔套管作为地线之接地体。

观测室如须在室外邻近处另设一接地体，可用粗导线引入室内作为信号地线

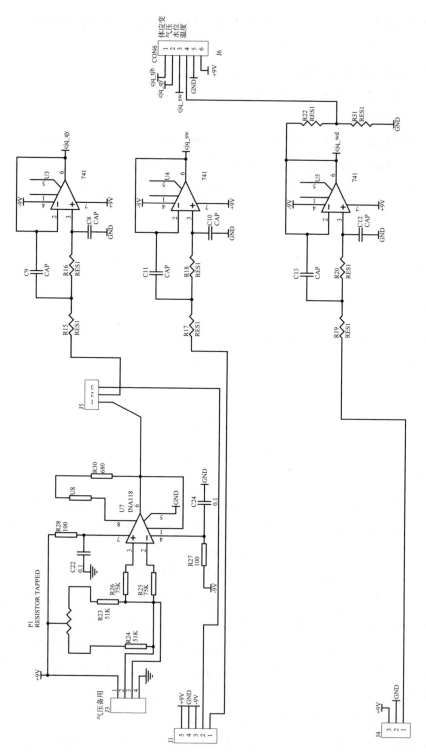

图 8.5.8 辅助测项前置信号调理电路

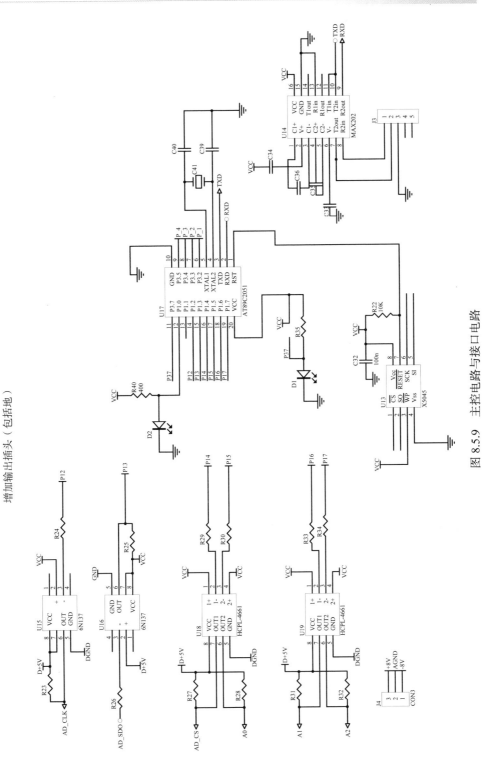

图 8.5.9 主控电路与接口电路

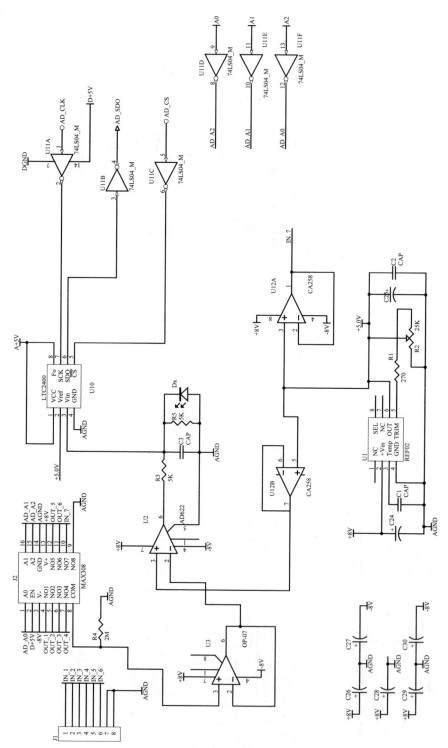

图 8.5.10 数据采集电路

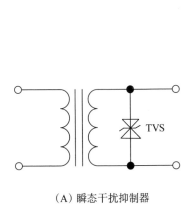

（A）瞬态干扰抑制器

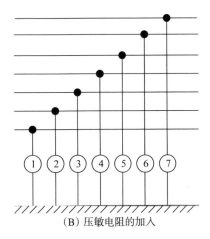

（B）压敏电阻的加入

图 8.5.11 防雷措施

装置，接地体可由一铜棒或铁棒构成，直径不小于 2cm，长度以 1m 左右，埋于土中 1m 以下，并采取措施使其接地电阻小于 5Ω。

8.6.2 钻孔施工

钻孔施工中的要求及注意事项如下：

（1）钻机进场前要清理好道路及场地，孔位周围数米范围内要平整地面，准备充足的水源及电源。

（2）开孔时以较大孔径为宜。例如安装探头处的孔径为 130mm 或 110mm，开孔孔径可取 168mm 或 150mm。

（3）安装套管时，应放在完整基岩下 2 ~ 3m 或更深处为好，套管总长不得小于 6m。以确保钻孔完工后没有掉块或塌落现象；套管应高出地面 20 ~ 30cm，周围土层要填实，以防止地表水流入井中。

（4）在钻孔变径处，应先用尖钻头打一"喇叭口"，再改用 150 mm、130 mm 或 110 mm 小口径钻头钻进，以保证同心钻进，使钻孔中没有平台，利于探头下沉。

（5）取芯钻进，在现场编写大比例尺柱状图，除注意岩性外，还应特别注意裂隙状况，有无破碎带，有无涌水或漏水现象，或其他特殊情况。以上事项应注明所在孔位深度。

在前 50m 钻进中可采用钢砂钻进，50m 之后尽可能用合金钻头钻进。

（6）钻孔深度的选定：以超过 60m 为宜，直至有 3m 以上完整岩石处为止；如条件允许，取 100 ~ 120m 效果更好。在洞室中钻孔时，孔深可取 15 ~ 25m。

完整段岩芯应取 1m 左右，放一木箱内长期保存备查。

（7）如条件允许，再钻一个沉砂孔，孔径为 40 ～ 60mm，深 0.5 ～ 1.0m，并查看岩芯，若岩芯破碎，则应将此段再作扩孔处理后继续加深钻进；若沉砂孔岩芯完整，则钻孔进尺终止。

（8）用井斜仪测量孔斜，不应超过 3°，以利于探头的入井。

（9）用清水冲洗钻孔，直至将孔中岩粉冲净。

（10）施工一方与使用一方办理钻孔验收手续。

（11）用一铁制井口帽盖将钻孔套管口封好，锁住，严防有异物落入井内。

（12）施工报告、柱状图及验收报告，一式三份（一份存于台站，一份交台站的上级管理部门，一份交应变仪厂家），不可丢失。

8.6.3 探头的安装

（1）探头安装的必要条件。

必须由有经验的业务集体来完成，或是由两名有安装经验的人作现场指导来完成。在后一情况下，必须制订周密的工作计划，分工计划，向在场的每个人讲解工作细则，以及安全注意事项。探头安装系在近百米深的钻孔之内，且为一次性安装，稍有不慎或处理不当就可能导致严重后果。

必须有明确的现场负责人担当总指挥，以及时处置意外情况，安装现场不得有闲杂人员交谈打闹。

（2）探头安装的通用程序。

一般说来，安装人员到达台站后，用一天时间进一步了解台站及钻孔施工的具体情况，再用一天至两天作细致技术准备，一天正式安装，再一天作技术讲解及现场收尾。切不可压缩操作周期。

技术准备工作：

①认真查看钻孔柱状图。用测井绳及两个重锤分别测量钻孔深度。细锤进入沉砂孔，粗重锤只进入观测孔，由此测得孔深、沉砂孔实际长度。

②按沉砂孔的实有高度，计算该段的体积，并备好、洗净相应体积的小石子（线度 3 ～ 4cm 为宜）。

③膨胀水泥、石英砂按预定的比例称好重量。水泥体积的计算方法是：它不仅将探头四周注满，并且在探头顶部 0.5 ～ 1.0m 处亦应注满。水泥、砂、水的重量比例，为 1：（1.0 ～ 1.2）：0.6。三者的重量由下式确定：总重量 =（所需要总体积）× 水泥比重（取 2.5g/cm^3）。

④测量（或再次确认）电缆的长度，下井用钢丝绳的长度，在末端分段作好标记。架设下井用绞车绞架（图8.6.1），检查下井绞车的工作状态。

⑤再次清点下井用设备、材料及工具，码放在合理的位置。

⑥挖好埋设地面电缆用的地沟，以及电缆通向观测室的洞口（或检查电缆通道是否畅通）。

⑦检查全部电学系统，如供电源状况、电缆线编号、线间电阻、仪器输出与探头输出的电压等。如无误，将电缆穿过所有孔洞

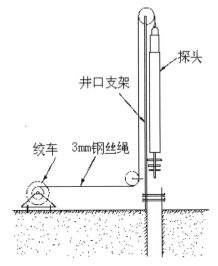

图 8.6.1　下井专用绞车绞架

管路，再将探头、电缆及仪器正式连接通电，记录半天以上时间以确认全套系统工作无误。

探头的安装程序：

①将称好体积并洗净的石子，徐徐落入井口（不可一下子倒入），自然落入沉砂孔中。

②按预定比例将膨胀水泥。石英砂及清水称重后用铁铲用力进行充分快速搅拌，搅拌时间为20分钟以上，容器必须清洁；冬季或夏季施工时应注意改善清水及环境的温度。

③将沉砂器送入孔底再提出，确认其自动开关装置无误后，将沉砂器吊于孔口，再将水泥浆倒入沉砂器中，另取一小容器（例如大型塑料瓶）装入水泥浆，瓶口用水封存，以供事后作水泥性能检测用。沉砂器注满水泥后，徐徐送下，落入孔底后，提升20cm再自由落下，在钢丝绳上作一标记，再将沉砂器空筒提至地面。图8.6.2给出了过程示意图。

④将记录仪表（数据采集器或描笔记录仪）适当加快记录速度，如每小时10～30cm，由专人看管仪器及监视曲线

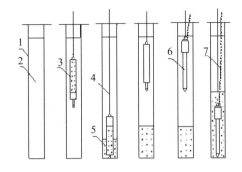

图 8.6.2　钻孔应变仪的安装过程
1.钻孔；2.水；3.沉砂器；4.钢丝绳；5.水泥；6.应变仪；7.电缆

情况，随时向负责人报告。探头移至井口—入井—沉于水内—徐徐下落，直至水泥层上方数米停顿片刻。由现场负责人查看并确认曲线形态正常无误后，正式下令将探头自动沉入孔底的水泥浆中。检测电缆及钢丝绳的尺度标记，确认无误后，将探头提上半米，再慢慢放入井底。将电缆与钢丝绳放松半米左右，并在井口暂时固定。

⑤20～30分钟后，如确认曲线记录无异常情况，向井内倒入已测好其体积的细河砂或100目左右石英砂，使探头上方1～2m内有水泥及砂粒填充。这一填充可削弱气压及井水水位对探头产生的直接负荷。

（3）探头安装的收尾工作之一：孔口的处理。

在探头安装后的第二天，再将辅助观测之电测水位计投放于井水之下5m左右，再作孔口处理。

孔口处理的目的是防止井孔落入异物，防止地面水流入，防止井口套管受到机械伤害。见图8.6.3所示。

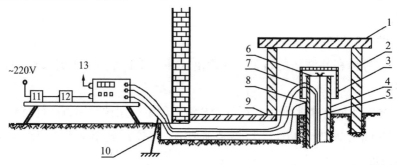

1.井围盖板；2.井围；3.钻孔铁帽；4.套管；5.钢丝绳；6.承生铁棍；7.电缆；
8.地线接点；9.地沟盖板；10.避雷器；12.稳压器；13.输出口

图8.6.3　钻孔孔口的处理

①钻孔套管高于地面200～300mm，加有铁制井盖帽，最好有铁锁锁住。

②将探头悬吊钢丝绳系在一铁棒上，铁棒横置于套管口上方；电缆在井口处于自由状态（不受力）；在套管附近的电缆段要加有保护层防止划伤压坏。

③钻孔周围，砌一水泥台，其内部的边长或直径约800～1000mm，高约400mm，上方再置一可移动水泥盖板。

④电缆自水泥台下端的小孔中穿出，埋于地面以下。

⑤如台站的钻孔不止一个，应在水泥台处做好编号标记，以防混乱。

（4）探头安装的收尾工作之二：地面段电缆的处理。

地面段电缆的处理是为了防止电缆受到各种因素导致的机械损伤，降低电磁干扰，以及防止雷击伤害，降低气温变动对电缆参数的干扰。

①井口与观测室之间的距离，以小于 20m 为宜。

②地面段电缆的埋设深度，在北方以 50cm 以下为宜；在南方以 30cm 以下为宜。地面电缆长度超过 10m 时必须采用铁管保护，以防雷击，地面电缆小于 10m 时可以用砖块砌成小型通道，或用细质土深埋（埋深 80 ~ 100cm）。埋设中要考虑防止老鼠咬坏电缆。

（3）电缆自观测室墙角的小洞穿进室内，电缆在室外不得有裸露处。

上述工作结束后，由安装人员向观测人员作一次技术讲解，以掌握本仪器的操作。

8.6.4　仪器调试

（1）初期调试。

在探头安装后的前一个月中特别需要给予监视，称为初期调试。这一时期应予重视，一是由于探头安装后立即有一调整变化过程，曲线变化幅度较大（它来自钻孔温度的恢复，地下水流动状态的平衡，探头周围及探头内部力学状态的调整平衡等）；二是由于台站观测人员初次接触该仪器，有一个熟悉过程，如有不慎易造成操作不当或失误，甚至可能损伤探头。初期调试的要点如下：

①每日巡视仪器记录状况两次以上，逐渐掌握记录曲线的漂移及变化规律。当电子电位差计的曲线临近出格时应调整记录零点。防止断电、电缆插座松开等事件发生。

②在记录初期，电位差计的灵敏系数一般取低档位（量程大的档位）以减少出格率。如曲线漂移较大（如每日需要调零一次以上），应更换档位。

③当记录曲线变化逐渐变小、漂移较小时，可更换较高灵敏系数的档位。

④如发现曲线变化不规则或变动幅度较大等异常情况时，应及时与仪器安装人员联系。

（2）正式调试。

仪器的正式调试多在安装后 1 ~ 2 个月内，由安装人员负责进行。其要点如下：

①对电路系统的工作状态再作一次检查。

②标定，并确定观测系统的格值。

③进行一次小型的干扰试验：室内小电火花（如开关电灯）的干扰形态；向

钻孔内倒入 1000cm³ 清水，了解干扰的形态。

④测量实地的噪声水平。如有电子电位差计，可在 0.1mV/1mm 的档位及 1mm/s 走纸速度下记录 3 分钟，视曲线宽度所相应的 mV 值。如无电位差计，可由一人目读显示屏末一位，一秒一次，另一人记录，共 120 ~ 150 个数据，再计算其均方差值。

⑤与台站观测人员再次讨论有关仪器操作方面的知识，了解观测人员是否已真正掌握仪器说明书中有关具体操作方面的要领，尤其是有关手动开阀和标定两个重要操作程序的熟练程度。

⑥正式向台站、省局提交安装报告三份。

正式调试后，即可进行试观测，并于 2 个月（最多 5 个月）后编写使用报告及组织验收，经省局认可后转入正式观测报数。验收工作建议由台站、仪器制造单位和省局共同组成。

8.7 仪器功能与参数设置

8.7.1 WEB 网页参数设置

仪器提供了仪器介绍页面和实际仪器安装图片等。

仪器提供了设备控制页面，客户端通过浏览网页可以对仪器进行如下监视：网络参数、表述参数、测量参数、设备状态、属性信息等。

仪器提供了设备控制页面，客户端通过浏览网页可以进行如下设定：测量参数、网络参数、表述参数、系统重新启动、设备自校准启动等。

仪器提供了数据下载页面，客户端通过浏览网页选取和下载所需要的数据文件和日志文件。

（1）访问仪器主页。

通过浏览器登录仪器，一般地址："10.*.*.*:88"，输入用户名 "tybtyb"，密码 "*"，进入仪器主页，

（2）网络参数设置。

设置仪器在平时工作状态下的网络参数，包括 IP 地址、子网掩码、网关、应用端口、管理地址与端口和 SNTP 时间服务器 IP 地址等，如图 8.7.1 所示。

（3）工作参数设置。

设置仪器台站代码、测项代码、台站经纬度及高程等。如图 8.7.2 所示。

图 8.7.1　网络参数设置

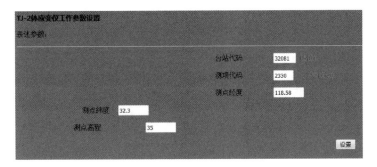

图 8.7.2　工作参数设置

（4）测量参数设置。

设置仪器测量参数，包括采样率、通道数等。如图 8.7.3 所示。

图 8.7.3　测量参数设置

（5）灵敏度参数设置。

以管理员身份登录体应变仪器的页面，选择"仪器设置"，再选择"仪器标定"，进入仪器标定页面；在设置仪器新的灵敏度文本框内输入格值后，选择"设置"即设置了仪器新的格值；最后可通过"查看仪器灵敏度"，来查看（验证）设置的结果。如图 8.7.4 所示。

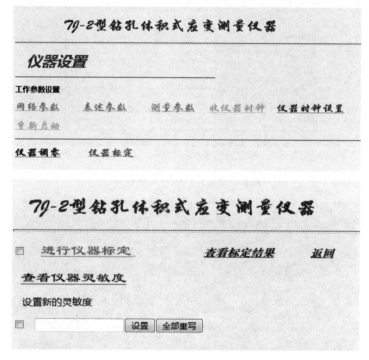

图 8.7.4　灵敏度参数设置

8.7.2　仪器操作

本仪器支持 Web 网页方式、ftp、telnet 命令实现远程仪器控制，包括参数设置、数据下载等

（1）telnet 命令模式。

体应变出现管理系统无法连接、无法收取数据或仪器主页无法登录，能 ping 通的情况下，一般是仪器网络通信单元死机造成的（这种情况一般数据采集部分工作是正常的），可以通过以下操作：

开始—运行—cmd（进入 dos 模式）

telnet 10.65.*.*（仪器 ip）

login: *

Password: *

Pocket CMD v 4.20

\>

\> time （查看和修改时间）

当前时间是 : 9:46:28

输入新时间 (hh:mm:ss)：（输入正确时间）

\> cd diskonchip

\diskonchip> reset （远程重启仪器）

以上过程可以远程查看、修改时间、日期；重启仪器，解决网络单元存在的常见问题。

注意：远程重启仪器时应避免在整时前后 10 分钟时间段，可以选择在 20 ～ 40 分之间完成。

（2）ftp 远程操作。

该主机支持 ftp 远程操作，通过 ftp 软件，可以完成数据下载，参数文件查询、下载、修改等。

（3）工作状态检查。

通过仪器主页可以查看仪器状态，包括台站信息、网络参数、采集信息、仪器状态、当前数据等。见图 8.7.5、图 8.7.6 所示。

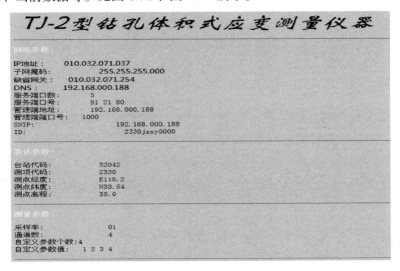

图 8.7.5 台站及仪器信息

图 8.7.6　仪器当前状态信息

8.7.3　数据存储、读取、传输

数据读取可以通过现场收取数据和远程网络方式收取数据（远程取数，现场取数等）。

（1）现场收取数据。

通过外接显示器、鼠标、键盘，通过主机操作系统，进行数据下载。

（2）远程收取数据。

①通过仪器主页提供的数据下载功能，下载观测数据；

②通过 ftp 方式下载观测数据（图 8.7.7）。

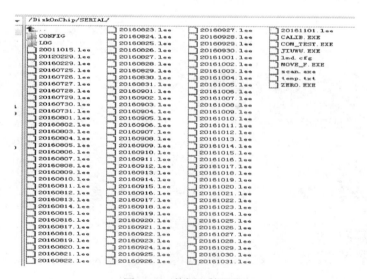

图 8.7.7　数据文件列表

8.7.4　系统主要配置文件

仪器主要的配置文件包括网页登录密码文件、网络参数文件、台站参数文件、测量参数文件等（图 8.7.8、图 8.7.9、图 8.7.10）。

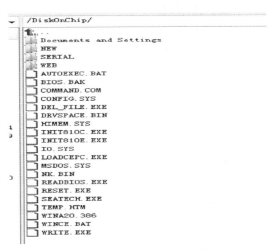

图 8.7.8　仪器主要程序文件

常用命令是"reset"，用于主程序无法运行，但可以 ping 通仪器情况下远程重启设备。

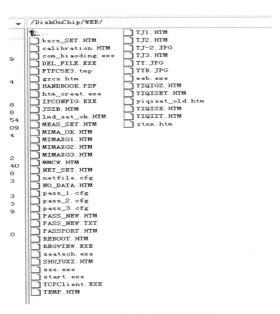

图 8.7.9　仪器网页文件列表

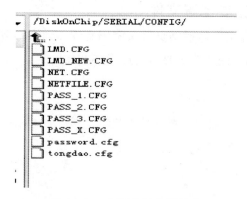

图 8.7.10　主要配置文件列表

8.8　标定与检测

8.8.1　体应变仪的标定

（1）标定的作用。

用以检测是体应变仪观测系统（由探头到电压输出口）是否有灵敏度，灵敏系数 A'（或格值 B）是否有明显的变化。

（2）标定的误差。

现今体应变仪的标定装置，重复性误差为 ±2%。注意到这一点，就能理解当标定结果与以往值的差别小于近 4% 时，都应视为正常现象，并且无需每次标定之后都要随即更改格值用于数据处理。

（3）标定的周期。

目前体应变仪所使用的差压传感器及相应的放大电路均有良好的稳定性，灵敏系数及放大器的放大倍率的年变化总量不会超过 0.4%/ 年，该值明显小于标定的重复误差。因此，标定的作用只是起到一个检查性的作用。现在的新观测规范中已明确每年 1 月 1 日、7 月 1 日各标定一次。

遇有下列情况时，经过台长同意可以进行标定，并将结果记入值班日志：

——应变固体潮汐曲线的幅度连续数日变得过小或过大；

——更换或大修仪器之后。

（4）新格值的确认。

各次标定的结果，仅用于了解测量系统灵敏系数的不稳定性是否超过 4%，只要未曾超过，就无需更改厂家给出的格值。

如遇到标定结果异常的情况，须于 10 分钟之后再重复标定一次，如果仍异常，请与厂家联系进行核对，以共同确定是否更新格值。如更新格值，须由厂家与台站共同写出技术报告交与上级主管部门一份。

（5）由标定幅度计算格值的方法。

校准动作产生的体应变幅度 $[\Delta V/V]_标$ 是确定的、恒定的，该值由厂家给出。校准时的电压输出值为 (u_1-u_0)。由于校准的体应变值为压缩，因而代数值 $u_1 > u_0$。

校准时的体应变幅度 $[\Delta V/V]_标$ 为已知，现又由校准动作求得电压变化 $[u_1-u_0]$，因而可求得：

$$格值 \quad B = [\Delta V/V]_标/[u_1-u_0]$$

$$灵敏度 A = [u_1-u_0]/[\Delta V/V]_标$$

标定方法：在正点值之后的 10 ~ 20 分钟之后进行（可防止对于正点数值的影响）。先把面板表的读数 u_0 记录下来；再按动标定按钮一下（注意按动的时间不超过 1 秒钟）；大约经过 20 秒之后，面板表的显示读数达到极值 u_1。记录下此数值。

（6）计算举例。

在校准之前，仪器面板的读数为 248.5mV，在校准之后的最大读数为 264.7mV，于是 $[u_1-u_0]$=16.2mV，而根据厂家给出仪器的校准幅度 $[\Delta V/V]_标$ 为 4.99×10^{-8}，于是计算出格值为：

$$格值 B = 4.99 \times 10^{-8}/16.2mV = 0.30802 \times 10^{-8}/mV$$

由于仪器内数据的单位为 V，仪器输出的单位为 10^{-9}，需要在仪器网页设置的数值为：

$$0.30802 \times 1000 \times 10 = 3080.2$$

8.8.2 稳定性检测

（1）格值稳定性检测。

如前所述，格值来自标定，但只有当观测系统的格值变化超过 4% 时才能由标定装置明确检测。现今还没有精确度更高的在探头内进行标定的方法。

（2）零位值稳定性检测。

这里的零位值（零点值），是指由传感器到地面仪器电压输出口整个电学系统的零点值。当电磁阀开启，上下两腔的压力差为零时，即相当于机械调零调节到机械零位时，电学系统的电压输出值应当在 0mV 附近，显然该值越稳定越好。因此从原理上看，通过每一次电磁阀开启时所显示的电压输出值的大小及变化情况，可用于得知电学系统是否出现有零位的漂移。

（3）零位稳定性检测的局限性。

在零位值检测方面有两点应予说明：

第一，电学系统的零位值，约在 ±30mV 之内，相当于 1×10^{-7} 量级的体应变量，而不是真正的 0mV。这一情况来自仪器生产中调试技术的多种局限。

第二，磁阀开启有两种方法，一是由电路自动开启，当输出电压约达 +1.95V 或 –1.95V 时，电磁阀电路自动对电磁阀通电约 0.2 秒；二是由手工按动电路开关，给电磁阀通电而开启，两种开启方法带来的效果稍有不同。电路开启时，通电时间较短，是为了降低电磁阀通电时的热效应（它会引发测值扰动），但硅油的流通不够彻底，使得电学测值不能完全恢复到原值。而人工开启时，电磁阀的通电时间又往往较长些，电磁阀体的发热会带来测值扰动。因此，这两种开阀状态下测量系统的零位值不很一致，并且与真正的零位值有些偏离。根据现有的资料，电磁阀开启后的实际零位值约在 ±250mV 范围之内，且有一定涨落都是正常的。

只有当电学系统的零位值漂移大于 250mV（约为 1×10^{-6} 应变）时，才能通过开启电磁阀时的测值检测出本观测系统的零位漂移来。虽然目前还没有其他更好的检测零位方法，但体应变仪只有一个机械零位，且易于重复，能用来判定电学系统是否有大的漂移（例如当出现过大幅度趋势异常时，用来落实该异常的可靠性），这毕竟是体应变仪的一个优点。

8.9　常见故障及排查方法

收集全国形变台网中 TJ 型体积钻孔应变仪的运行故障信息，结合仪器厂家提供的资料，经过系统整理完善，编写成故障信息分类、常见故障处置、故障维修实例各部分内容，分别在 8.9 及 8.10 列出，供仪器使用维修工作中参考使用。

8.9.1　故障信息分类

体积式钻孔应变仪常见故障及排查方法一览表中，分别列出了仪器故障现象及其特征、故障可能原因分析、故障诊断检测与排除方法。见表 8.9.1。

表8.9.1 体积式钻孔应变仪常见故障及排查方法一览表

序号	故障单元	故障现象	故障可能原因	排除方法
1	供电单元	远程无法连接仪器	电源部分故障	更换供电模块
			控制板故障	更换控制板
2		前面板红绿灯同时熄灭	采集板故障	更换采集板
3			直流稳压电路损坏	检查直流稳压电路
4		缺数	供电电源故障或停电	检查仪器供电电源
5		显示屏不亮，但输出信号（电压）正常	显示屏开关钮损坏	更换开关钮
			显示屏供电电源（5V）损坏	检修5V直流电源
			显示屏损坏	更换显示屏
6		指示灯不亮	指示灯损坏	更换指示灯
			指示灯接插不牢	接牢接插件
7		数采显示屏不亮，但数据采集正常	显示屏开关损坏	维修或更换开关
8	数采与主机单元	远程无法连接仪器	同期有雷雨天气，判定可能雷击故障	更换数采
			仪器控制板死机或损坏	重启仪器，如果无法启动，则更换控制板
			网线没有连接好	通过键盘鼠标和显示器等，检查仪器网络设置
			仪器IP地址有误	检查仪器网络设置
			网卡错误	等待片刻让系统自动修复；若不行，仪器复位，或更换控制板
9		数据接收一直为空数	采集板坏	维修采集板，如果采集指示灯闪，说明采集板程序运行，检查从采集板到控制板串口电路（MAX 202芯片）
			采集程序错误	如果通过显示器发现采集错误，通过鼠标关闭采集程序，删除\diskonchip\serial\下：temp.txt和temp4.txt

续表

序号	故障单元	故障现象	故障可能原因	排除方法
10	数采与主机单元	数据无法采集	主机软件故障	更新软件
			仪器时钟错误	校对仪器时钟（通过网页或 SNTP 方式）
11		数采显示屏不亮，但数据采集正常	显示屏损坏	更换显示屏
12		缺数	主机故障	更换主机
			仪器线路连接故障	检查处理仪器接线
13	传感器单元	数据异常	传感器故障	维修或更换传感器
			仪器有接触不良处	检查仪器各接点
14		显示屏数字闪烁（溢出）	若拨动开关钮处于"模拟"档（即调零档），则有可能是"调零"钮位置不当，导致模拟口输出量超过 +2V 或 –2V	细心调节"调零"钮，使"模拟"口的输出电压在 ±2V 之内
			若拨动开关处于"数字"档，先检查数采输出电压是否超过 2V，若已超过，表明自动开阀电路有故障	检查"标定电磁阀"的电子锁是否已锁住，若锁住，需将锁打开，实现自动开阀
15	标定控制单元	仪器不能正常标定	标定板不能正常工作	更换标定板
			标定电路坏	维修标定电路
			开阀电压低	调节开阀电压
			开阀按钮失灵	维修或更换按钮
			相关线路接触不良	检查相关连线、插头
16		电磁阀不能开启（手工开阀钮不起作用，或是不能自动开阀）	手动开阀按钮失灵	更换按钮
			探头电缆插头与仪器插座接触不良	将插头插座的铜片用细砂纸打磨，再用酒精棉洗干净，重新插妥，待购置新插头插座后立马更换
			电磁阀供电电压过低，或供电电路故障	细心检查和调节开阀电路
17		标定钮不起作用	同上条	同上条
18		显示屏数字闪烁（溢出）	若拨动开关处于"数字"档，先检查数采输出电压是否超过 3V，若已超过，表明自动开阀电路有故障或传感器出现故障	若将锁打开后，输出电压仍大于 2V，表示电磁阀电路有故障或井下传感器出现故障

8.9.2 故障判断的基本方法

（1）注意区分仪器故障与地下信息异常。

值得注意的是，在记录资料出现异常情况时，切不可急于动手检修仪器，必须冷静观察和分析异常情况的性质与起因，再作相应处理。例如，有的台站出现测值突跳，但仔细查看原始资料，又会得知该突跳经历了数分钟的时间，这种突跳一般来自地下，例如新挖钻孔孔壁的岩石崩落，也可能来自地壳应变状态的急速变化，等等，因此，这种突跳并非来自仪器。又例如，有的台站在几天之内出现测值的明显单向漂移，这也可能并非仪器自身的不稳定。如果单向变化的幅度明显大于 1×10^{-6} 应变，在认为必要时可以手动开阀一次，以判定该异常是否为仪器的故障，遇有这类异常变化，若急于动手检修仪器，会中断该资料而造成损失。

（2）区分外围条件故障与主机故障。

实践表明，体应变仪地面仪器的结构可靠，自身故障率较低，无故障率在 3 年以上。多数故障来自主机的外围条件。所以遇有仪器工作状态异常时，首先要从外围情况入手。

实践中遇到的外围条件故障有如下几种：

①电源插头接触不良，或保险丝断路，导致仪器面板上显示灯灭，显示屏无显示，输出口无电压；

②直流电瓶电压不足，或与仪器的插座接触不良，于是当交流电断电时测量数据出现不稳或阶跃，甚至仪器不能工作；

③电缆插头与地面仪器的插座接触不良，致使井下信息的传送受阻，或是井下前级电路不能得到供电；

④电缆受损（如受到外力伤害），甚而断开（如受鼠害），致使井下部分工作状态异常或不能工作；

⑤送往数据采集器的信号线中断，接触不良，导致数采器收不到信号或信号不稳定。

（3）区别故障的部位。

如果观测数据出现异常，或是仪器显示出现异常，且不知故障的部位，可借用"测试头"进行粗略判断。由此得知故障是在井下还是地面的仪器。测试头相当于一个"假的传感器"，由几个电阻构成基本分压电路，将它取代正处于工作中的传感器，有助于判断故障的大致部位。

操作步骤如下:

①如需检查应变部分,须把井下应变探头的插头拔下;

②换上测试头;

③ 观看仪器面板体积应变的挡位的数字显示,如在给定范围之内,则表示地面仪器可能正常,需进一步考察井下应变探头部分。

④同理,如需检查辅助部分(例如检查气压),可将气压的传感器插头拔下,观测挡位拨在气压,观看仪器面板的数字,如在显示气压值为 1.23V 左右,则可基本判定地面仪器正常,须检查气压传感探头。

⑤同样的方法,检查水位或温度测量部分,换测试头后,温度和水位电压值面板显示均为 1.23V 左右,则可基本判定地面仪器正常,须检查传感探头。

(4)仪器内部的常见故障与处理。

检修仪器内部前,务求根据故障作出初步判断,制定检修计划,之后再打开机盖,如制订计划时没有把握,可以与上级主管仪器维修人员或与厂家进行讨论。

检修仪器是否需要断电,依故障特点而定。一般说来,可以在通电状态下打开仪器盖,随即观看各元器件的外观有无异常,有无气味,用手触摸变压器绝缘外皮及各元件了解发热状况。此后再针对故障的特点进行有针对性的检修。

通电检查的最大优点是不会丢失数据,并保障井下传感器处于通电的恒温状态。但要注意,有时由于万用表表针触及信号电路而带来干扰,因此,通电检查的时间段要记入值班日志。而对于经验不足的维修人员而言,尤要特别注意的是,务必防止误操作导致的短路,有时它会带来严重后果。

有些情况下(如更换元件),必须断电操作。断电时间越长,缺测率越高,而且井下传感器断电冷却的程度越大,来电后的恢复时间也变长些。因此,断电前要做好充分准备,以缩短断电时间。断电操作固然安全,但往往有更换元件或线路的情况存在,因而在结束检修时,务必细心反复查看,确认无误后再合盖、通电。

这里列举了一些容易出现的故障现象及相应的处理方法,由此可举一反三,从现象出发给予正确的判断和处理。

8.10 故障维修实例

8.10.1 供电系统故障(供电故障)

(1)故障现象。

2015 年 4 月 1 日体应变仪器记录数据出现无规律阶变,该测道辅助测项同时发生数据突跳阶变，见图 8.10.1。

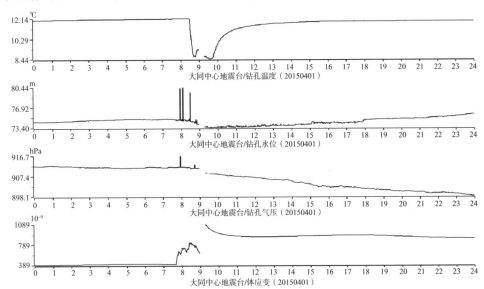

图 8.10.1　体应变数据变化图

（2）故障分析。

数据变化后，值班人员进入山沟机房进行仪器巡检，因数据变化期间正好处于停电发电机发电阶段，初步怀疑为供电不稳或 UPS 存在逆变故障造成数据阶变。

（3）维修方法及过程。

恢复市电且重新启动仪器后数据恢复正常。

8.10.2　探头故障（探头雷击故障）

（1）故障现象。

涉县台值班人员发现体应变没有固体潮汐形态，数据杂乱无章，见图 8.10.2。

（2）故障分析。

数据能够收到，证明供电和网络链路没有问题。故障的可能位置为数据采集板、主机中的信号转换板、线路接口及井下传感器部分。

（3）维修方法及过程。

登录仪器主页检查系统时钟和参数设置都正确；

对仪器进行开阀、标定等动作数据均没有任何变化；

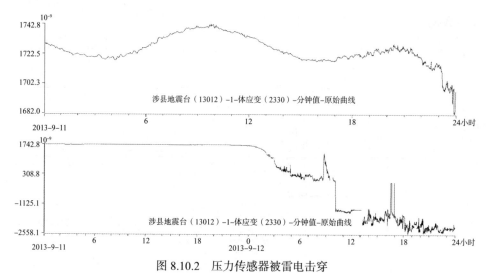

图 8.10.2　压力传感器被雷电击穿

更换备用主机箱、启用备用传感器均没有任何作用；

联系厂家维修人员到现场用测试头进行测试，主机各项工作参数均正常。厂家最终判定为井下探头内压力传感器被雷电击穿导致上下腔联通，井下探头彻底报废。

8.10.3　探头故障（探头故障）

（1）故障现象。

体应变仪 2013 年 1 月 1 日至 2013 年 3 月 12 日观测曲线出现大幅阶跃、脉冲、波动及波形畸变，而且仪器无法进行正常标定、开阀，多次检修无果。见图 8.10.3。

（2）故障分析。

①无法对仪器进行正常标定。

②供电电源正常，同室其他仪器工作正常。

③初步判断为观测系统故障。

（3）维修方法及过程。

①对仪器进行标定，数据突跳严重，无法调零（开阀）。

②检查井下传感器，阻值分别为 4.1k、4.6k，工作正常。

③地面接假负载实验。

④撤掉井下腔体，接井上待用传感器，数据变化稳定，说明井下放大级出现故障，2004 年安装时井下传感器与放大级为一体，因此启用井下备用传感器，另

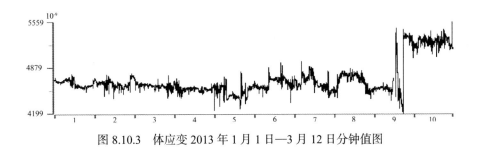

图 8.10.3　体应变 2013 年 1 月 1 日—3 月 12 日分钟值图

在山洞地表外接放大级，放入密封盒。

⑤因工作主机避雷板存在漏电现象，更换新主机。

观察数据曲线，恢复正常观测，见图 8.10.4。

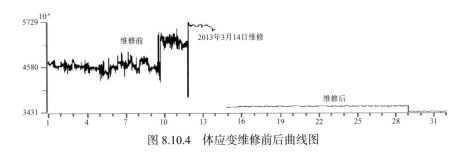

图 8.10.4　体应变维修前后曲线图

（4）经验与体会。

体应变仪器在 2013 年 5 月至 2015 年 7 月期间多次出现上述故障现象，按以往维修步骤处理，都未恢复正常观测，故障出现一段时日后，仪器会自动恢复到之前的正常变化形态。

8.10.4　探头故障（探头雷击）

（1）故障现象。

大同台体应变仪 2015 年 07 月 04 日 08:40 至 07 月 10 日 23:59、07 月 17 日 16:38 至 7 月 23 日 23:59 大同台体应变仪器遭雷击，仪器无法观测，7 月 17 日雷击后数据变化不正常（图 8.10.5）；

（2）故障分析。

7 月 23 日经仪器厂家人员现场确认，井下主探头、备用探头均已被雷击坏。

（3）维修方法及过程。

24 日启用另一观测井备用探头后工作正常。

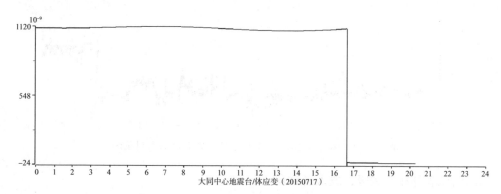

图 8.10.5　大同台体应变仪故障图

（4）经验与体会。

建议改变野外台站的供电方式或增加防雷设施，如将交流供电更换为太阳能供电，增加电源防雷和信号线防雷设备，减少雷击事故发生。

8.10.5　数采故障（软件故障）

（1）故障现象。

体应变仪在 23:59 数据突跳，如 2015 年 5 月 6 日 23:59 数据突跳。

（2）故障分析。

分析认为可能是主机原因。

（3）维修方法及过程。

仔细检查体应变仪主机，没有发现硬件问题。

认为可能是软件设计有问题，但是源程序等信息无法获取，因此无法判断。

咨询仪器厂家，认为是软件问题导致数据出现突跳现象，将软件升级后可以解决数据突跳问题。

软件升级后，故障排除。

8.10.6　数采故障（软件故障）

（1）故障现象。

2013 年 10 月 18—19 日，12 月 2-3 日数据采集不成功，发生缺数，见图 8.10.6。

（2）故障分析。

①查看电源是否发生故障；

②查看内部线路是否发生故障。

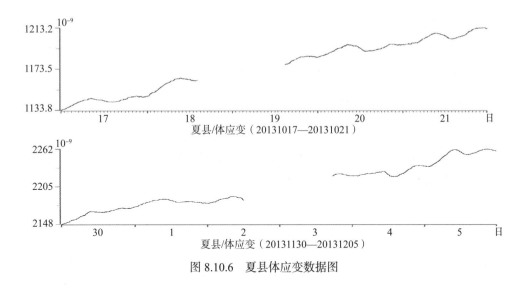

图 8.10.6　夏县体应变数据图

（3）维修方法及过程。

经与厂家联系，判断为内部程序发生故障。厂家远程调试后仪器恢复正常。

8.10.7　数采故障（操作系统故障）

（1）故障现象。

网络中断。

（2）故障分析。

在仪器主机上接键盘、鼠标和显示器。体应变仪操作系统没有启动，重启两次后操作系统可以启动，仪器网络连接恢复。但显示器上出现错误提示，测数程序启动但没有测值显示，判断配置文件可能有问题。

（3）维修方法及过程。

删除 \diskonchip\setial\temp 和 temp4 两个文件并重启仪器。

8.10.8　数采故障（81 端口未打开）

（1）故障现象。

雷雨过后仪器不能工作，由于仪器刚安装三四个月，厂家免费更换了一个新主机。参数设定好后网页能登录，但数据库无法采集仪器数据。

（2）故障分析。

面板显示正常，网页登录正常，证明仪器采集和网络都正常。可能工控板"十五"通信软件部分有问题。

（3）维修方法及过程。

利用 telnet 命令查看发现该仪器的 81 端口未打开，造成数据库无法与仪器通信。跟厂家联系后，远程更新程序后恢复正常。

8.10.9　标定控制模块故障（连续开阀）

（1）故障现象。

大同台体应变仪 2014 年上半年多次出现非正常开阀阶变，每次开阀量不等，且开阀后自行恢复到正常背景值状态，见图 8.10.7。

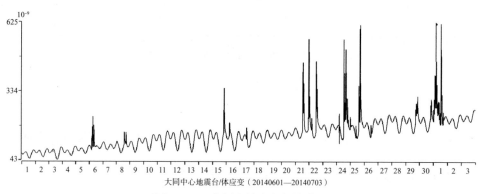

大同中心地震台/体应变（20140601—20140703）

图 8.10.7　大同台体应变仪故障图

（2）故障分析。

怀疑开阀线路出现故障。

（3）维修方法及过程。

在厂家指导下拨开开阀信号线插头以及标定信号线插头；启用备用主机，恢复正常。

8.10.10　辅助测项传感器故障（传感器故障）

（1）故障现象。

辽阳下达河台 TJ-II 体应变仪钻孔水位和气压出现负值。

（2）故障分析。

钻孔水位和气压传感器损坏。

（3）维修方法及过程。

更换钻孔水位和气压传感器，原水位和气压传感器为一体，更换后改为分体单独传感器。

8.10.11　抽水干扰

（1）故障现象。

每天出现规律的三角波，见图8.10.8。

（2）故障分析。

由于曲线畸变比较规律，怀疑与电路干扰或周边的环境相关。

（3）维修方法及过程。

与台站其他应变进行比较，发现受干扰曲线的相位非常一致。同体应变一样受周边抽水的影响，非仪器问题。

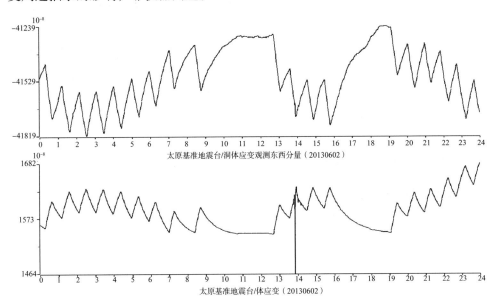

图 8.10.8　抽水干扰

9 RZB 分量钻孔应变仪

9.1 仪器简介

RZB 型电容式多分量钻孔应变仪研制于 1975 年，1981 年投入试验观测，1985 年 12 月通过了国家地震局鉴定。1987 年 RZB-1 型电容式钻孔应变仪获得国家地震局科技进步二等奖。目前使用的 RZB-2 型电容式钻孔应变仪比照研发原型仪器，进行了以下三方面的完善：①改进封装工艺，实现可深井安装；②优选元件，数字化传感器，提高抗干扰性和系统可靠性；③数据采集器增加通信单元，依托网络可接入区域地震监测网。

9.2 主要技术指标

钻孔应变仪技术指标：

观测分量：4 分量工作元件；1 分量参考元件；

应变灵敏度：10^{-10}；

测量动态范围：140dB，折合应变为 $\pm 3 \times 10^{-3}$；

输出格值线性误差：± 1 %；

标定信号精度：± 0.5 %；

探头密封性能：500 米水深。

辅助测项传感器技术指标：

气压：测量范围 600-1200hpa；精度：± 0.1%。

水位：测量范围 0-10m；精度：1mm。

温度：测量范围 0-50℃；精度：0.1℃。

9.3 测量原理

根据"钻孔加衬模型"，当远处有均匀水平主应变 ε_1 和 ε_2 时，钻孔 θ 方向的孔径相对变化 ε_θ 为：

$$\varepsilon_\theta = A(\varepsilon_1 + \varepsilon_2) + B(\varepsilon_1 - \varepsilon_2)\cos2\theta$$

图 9.3.1 为钻孔三层嵌套模型。探头在钻孔中通过水泥层与井壁焊接耦合。根据探头外筒、水泥层以及钻孔基岩（基岩的硬度远大于水泥与钢筒）的弹性模量关系，我们可以认为钻孔的应变几乎无损耗地传递到了位移传感器上。四个电容式位移传感器依次成 45° 角排列安装，可同时测量四个水平方向上的应力应变，根据钻孔应力反演的三层嵌套模型可以反演出整个应力场的分布情况。实现钻井内地壳受力变形状态的观测。

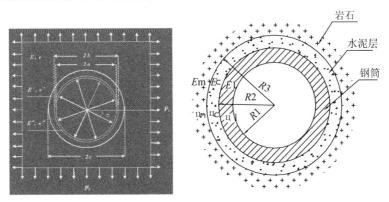

图 9.3.1　钻孔三层嵌套模型

9.4　仪器结构

RZB 型电容式钻孔应变测量系统由井下应变探头、辅助观测探头、数据采集器三部分组成。

（1）井下应变探头。

应变探头安装在内径 130mm 的钻孔中，使用特种水泥耦合。图 9.4.1 为 RZB 型电容式钻孔应变测量系统的井下探头在钻孔中的安装示意图。应变探头内安装有 1 ～ 4 号水平向应变传感器。1 ～ 4 号传感器依次顺时针相差 45° 角排列。应变传感器的两端固定在探头内壁，当探头外钢筒随钻孔基岩发生变形时，应变传感器就可以进行精确的测量。

（2）辅助应变探头。

如图 9.4.2 所示。

（3）主机。

①前面板（图 9.4.3）。数据采集器正面为显示界面，不需要用户操作安装。正

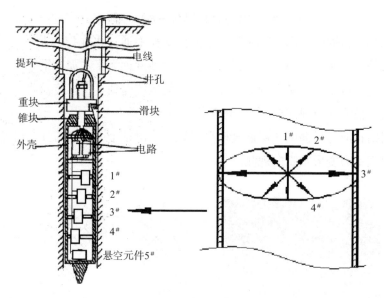

图 9.4.1　RZB 型电容式钻孔应变测量系统的井下探头在钻孔中的安装示意图

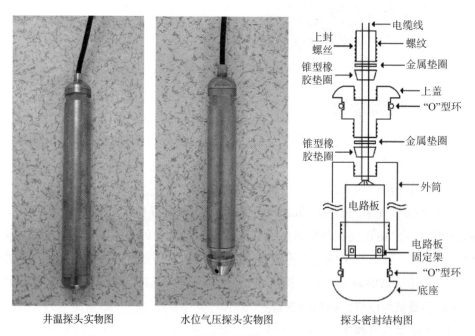

图 9.4.2　辅助应变探头结构示意图

面板液晶屏显示为数采当前的工作状态，两排指示灯显示电源及通信情况。为降低功耗，液晶屏幕会在无操作情况下自动关闭背光，进入休眠模式，此时只要滑动屏幕即可唤醒液晶显示。

图 9.4.3　前面板

液晶屏显示数据采集器的工作状态信息，如图 9.4.4 所示。显示屏上部显示数据采集器的设备 ID、台站名称、台站代码、数采 IP 地址、子网掩码、网关、台站经纬度、高程等信息；右上角为时间信息；时间信息下面为 3 通道辅助测项的数据（水位、气压、井温）；显示屏正中绘制 5 通道自适应曲线，显示 5 通道应变传感器的实时数据和 100 秒的曲线。显示屏为触摸屏，可通过右侧的操作界面手动对数采功能（辅助测项、主测项、参数设定）进行设定或进行故障诊断、屏幕打印等操作。

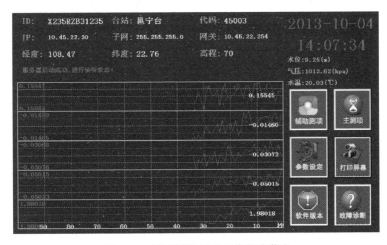

图 9.4.4　液晶屏显示的工作状态信息

②后面板（图 9.4.5）。应变探头、井温探头、水位气压探头分别使用八芯（主传感器）、四芯（温度）、五芯（水位）的专用航空插头接入数据采集器。数据采集器使用 200V 交流或 12V 直流电源，后面板设有 200V 交流插座和 12V 电瓶插座及开关，12V 电瓶插座 1 针为正极，2 针为负极。数据采集器上电后即进入自动采集程序，采集 20 秒后在前面板显示采集的实时数据与曲线。

数据采集器背面板还有专用的避雷地接入点，工作时一定将台站的防雷地线

图 9.4.5　后面板

接入。数据采集器背面板的 USB 接口为鼠标键盘接口，此时可以将数据采集器看作是一台运行特定采集程序的工控机，液晶屏幕为其显示屏。数据采集器的 RJ45 网络接口，数采的设置、调试、程序升级均可以通过网络接口完成。

9.5　电路原理及图件

9.5.1　应变传感器原理

两块平行的金属板可以构成一个电容器，其电容量由极板的相对有效面积、间距以及填充其间的介质特性所决定。RZB 钻孔应变仪用电容器的原理制作位移传感器，只要被测物体位置的移动改变了上述任何一个结构参数，传感器的电容量都会有相应的变化，通过测量电容量的变化就可以达到精确测量位移的目的。

RZB 钻孔应变测量系统的传感元件采用三极板差动式电容传感器。传感器的三块平行金属极板构成了两个差动变化的电容器，随着探头外筒的压缩、拉伸，极板间距会发生相应的变化，其电容量便随之改变。

探头外筒使用金属刚性材料，在钻孔中通过水泥层与井壁焊接耦合。传感器如图 9.5.1 所示被安装在钢筒（井下探头）内，随着探头外筒的压缩、拉伸、极板间距会发生相应的变化，其电容量便随之改变。通过测量电容量的差动变化就可以精确地感知探头外壳的形变情况。

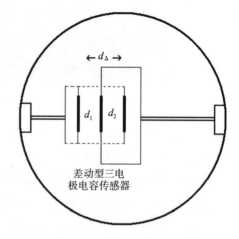

图 9.5.1　差动型三电极电容
传感器示意图

9.5.2 RZB 钻孔应变测量原理

如图 9.5.2 所示，图中虚线部分就是三电极差动式位移传感器。它由三块金属板组成，三极板保持平行，两侧极板间距固定，且采用特殊工艺保证极板间距不变，即 $d1+d2=$ 常数；中极板为移动极板，随探头外壁产生位移；在传感器中集成了数字化的等效比率变压器和前置放大器。电容传感器安装在应变探头中，虚线框外的电路位于探头的电子舱内。传感器的上、中、下极板与比率变压器形成交流电桥。图中 $N1$、$N2$ 表示比率变压器抽头接地点两边的匝数，比率变压器的总匝数等效为 128 匝，即 $N1+N2=128$。在应变探头内嵌有 MCU 控制单元，用于调节比率变压器的中心抽头接地点、调制放大的放大倍数、A/D 转换操作以及数据的总线传输。MCU 通过改变 $N1$ 值调节比率变压器中心抽头接地点以调节桥路平衡，传送给地面的接地点位置即为 $N1$ 值。中极板输出的电桥不平衡信号在经前置放大后又经过调制放大、相敏检波、低通滤波和 A/D 转换后经数据总线传送到地面。为了提高系统的可靠性，所以设置两套完全相同的程控系统，平时只有一套工作，另一套作为冷备份完全与电源断开。在地面的数据采集器将总线传输的数据记录并存储。由于数字信号通过 RS485 总线传输，数据采集、传输及设置均通过总线命令完成。

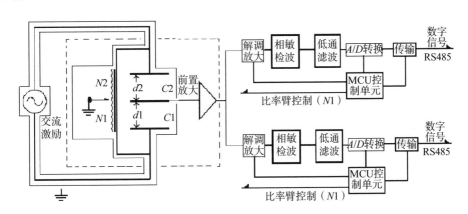

图 9.5.2 RZB 钻孔应变仪观测系统原理框图

由于信号处理电路前移使得传感器的输出信号可以尽可能近地进入调制电路，这样就可以在不降低测量精度的前提下适当降低放大倍数，因此系统的一次调节动态范围得到了极大的提高。RZB 钻孔应变测量系统的一次调节动态范围提高到了 120dB。由于一次调节动态范围的提高，新型钻孔应变观测系统在进入正式观测以后几乎不需要再做平衡调节。这对于长期大动态范围的应变观测、台站运行维护、提高数据连续率十分有利。

9.5.3　数据采集器原理

如图 9.5.3 所示。

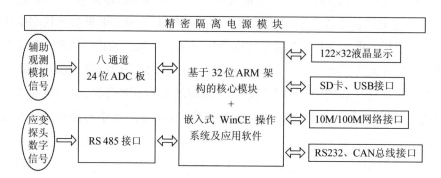

图 9.5.3　RZB 钻孔应变仪数据采集器原理框图

9.5.4　电路原理图

（1）电源板（交流转直流）（图 9.5.4）。

（2）*A/D* 转换板（图 9.5.5）。

9.6　仪器安装与调试

9.6.1　井下应变探头安装

图 9.6.1 为井下安装示意图，图 9.6.2 中三脚架为可拆卸、便携式、铝合金三脚架，重量轻、使用简洁、便于运输；三脚架顶端使用定滑轮将钢丝绳导向；应变探头通过上提梁与钢丝绳相连；绞车控制探头下放，转速比为 1∶10，因此只需手动操作就可下放安装 300kg 以内的探头。因此，探头安装可以完全脱离钻机。在探头下放到位后，使用专用注浆泵向钻孔内灌注特种水泥，使探头与钻孔耦合。

应变探头安装的通用流程：

一般来说，安装人员到达台站后，首先了解台站及钻孔施工的具体情况；对钻孔井深、井斜及沉砂情况进行测井检验；在台站的协助下作技术准备（仪器检查、探头组装、孔口至观测房间电缆线的保护处理、下井装备试车等）；安装探头后进行孔口电缆线固定。

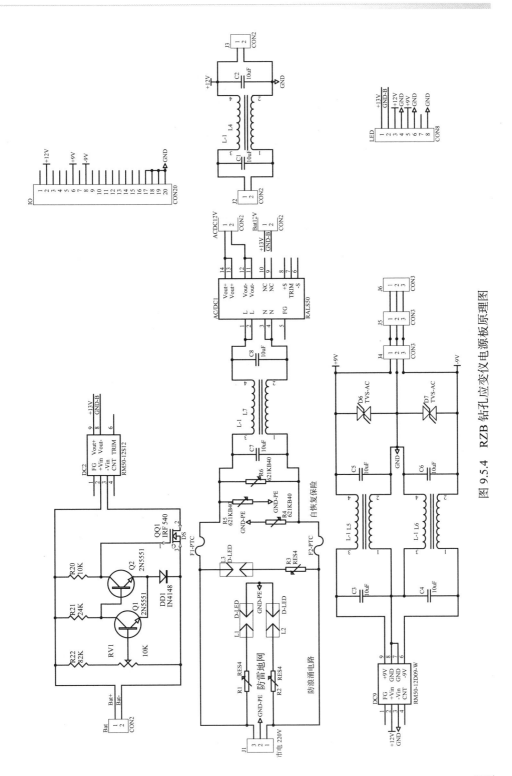

图 9.5.4　RZB 钻孔应变仪电源板原理图

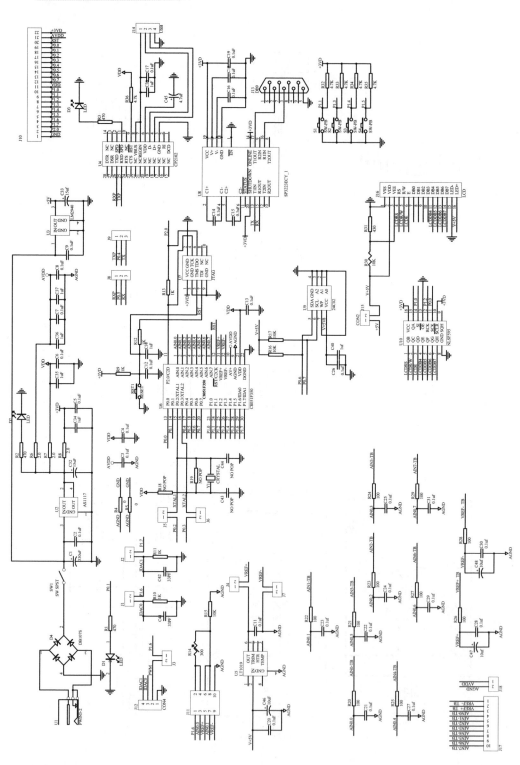

图 9.5.5　RZB 钻孔应变仪 A/D 转换板原理图

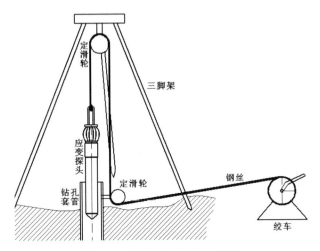

图 9.6.1 探头井下安装示意图

图 9.6.2 便携设备下井安装现场

（1）技术准备。

①认真查看钻孔柱状图。用测井测绳及模拟探头测量钻孔深度，测井探头可在井底进行沉砂捞取，以测量井底沉砂情况。

②按沉砂孔的实有高度，计算该段的体积，必要时可投放一定量的鹅卵石（直径 2 ~ 3cm 为宜），以隔绝沉砂对探头耦合的影响。

③专用膨胀水泥、石英砂按预定的比例称好重量。水泥体积的考虑原则是：它不仅将探头四周注满，并且在探头顶部 3 ~ 4m 处亦应注满。所用清水不得含有碱性。

④测量（或再次确认）电缆的长度，下井用钢丝绳的长度，在末端分段做好标记，检查下井绞车的工作状态。

⑤再次清点下井用设备、材料及工具，固定在合理的位置。

⑥挖好埋设地面电缆的地沟，以及电缆通向观测室的洞口（或检查电缆通道是否畅通）。备好 50mm 内径的铁管准备穿线。

⑦检查全部电学系统，如供电源状况、电缆线编号、线间电阻、仪器输出与探头输出电压等。如无误，将探头与主电缆及仪器对接，通电检查，记录一段时间以确认全套系统工作是否正常，再将电缆头与探头完成机械对接。

（2）探头安装的程序。

①如有需要，先将称好体积并洗净的石子，徐徐放入井内，不可太快，使其自然落入沉砂孔中。

②将探头吊于孔口，校准探头内电子罗盘（电子罗盘校准及定向方法详见附录）。再测量探头此时各分量的输出值并记录。记录探头电缆线线号（探头电缆线每隔 1 米标有一个线号。根据线号可精确读出探头下井的米数）。

③将探头徐徐下放。下放过程中每隔 1 米左右用塑料线卡将电缆线与钢丝绳扎紧，以免电缆线与钢丝绳缠绕，影响辅助观测探头或其他井下设备的安装。应变探头落至孔底后，提升 0.5 ~ 1m，以减少孔底沉砂对探头耦合的影响。

④将钢丝绳在井口处使用钢丝卡打一个绳结，并穿入一铁棒上，横置于套管口上方，使电缆再固定。将钢丝绳在井口套管处多余段锯掉。探头固定好后，测量探头各分量测值并记录。

⑤将灌封水泥用注浆管下放。注浆管每根 2m，使用丝扣连接。注浆管下放到探头上方后，在地面连接注浆泵。

⑥将特种水泥和清水按照一定的配比充分搅拌后泵入井中。泵水泥前将搅拌后的水泥 300ml，留样。

⑦完成水泥泵送后，测量应变探头各分量测值并记录。

9.6.2 辅助观测探头安装

安装辅助观测探头前，需要先等应变探头耦合水泥达到初凝状态，即水泥灌封约 24 小时以后。接着使用测绳测量水泥顶面到井口的距离，并记录存档。然后即可以安装辅助观测探头。

（1）水位气压探头安装。

水位气压探头的工作深度为水位线以下 0 ~ 20m。考虑到钻孔水位的变化起伏，因此其安装深度一般选取在 5 ~ 10m 左右。由于气压水位探头重量较轻，因此将探头人工手动下放到位后，使用塑料绳卡将探头电缆捆扎在应变探头电缆及钢丝绳上即可。为了防止地下水位下降较多后，探头露出水面，脱离工作区间，因此安装探头时还应在井口预留 2 ~ 10m 电缆。

注意：水位气压探头内部有一根塑料导气管，因此一定要避免电缆线过度折弯造成导气管损坏。

（2）井温探头安装。

井温探头的工作区域较大，为水位线以下，水泥顶面以上的部分。其安装深度一般选取在水泥顶面以上 5 ~ 10m 左右。由于井温探头重量较轻，因此将探头人工手动下放到位后，使用塑料绳卡将探头电缆捆扎在应变探头电缆及钢丝绳上即可。

（3）钻孔孔口的处理。

孔口处理的目的是防止井孔落入异物，防止地面水流入，防止井口套管受到机械伤害。在套管的出口处用尼龙布或塑料布包扎，以防受损。再用铁制井口盖将井口盖好，最好有螺丝固定并有锁锁住。如台站的钻孔不止一个，应在孔口处做好编号标记，以防混乱。

9.6.3 电缆线布设

应变与辅助观测探头安装完成后就需要布设电缆线，即将应变及辅助观测探头的电缆布设走线，接入到观测室中。如图 9.6.3 所示。

地面段电缆的处理是为了防止电缆受到各种因素导致的机械损伤，降低电磁干扰，以及防止雷击伤害，降低气温变动对电缆参数的干扰。因此电缆线的布设应尽量避免架空，穿线管应使用金属管，应变探头电缆加两根辅助观测探头电缆共三根，合并起来约 4cm 粗，因此需要使用 50mm 的金属穿线管。

观测室与钻孔距离不宜过远。观测室与钻孔距离最好在 20m 以内。如条件所限，钻孔与观测室距离较远，则电缆线总长不应超过 300m，即孔深加钻孔距观测室距离应小于 300m。地面段电缆的埋设深度，在北方以 50cm 以下为宜；在南方以 30cm 以下为宜。地面电缆小于 10m 时可以用砖块砌成小型通道，或用细质土深埋（埋深 80 ~ 100cm）。埋设中要考虑防止老鼠咬伤电缆。

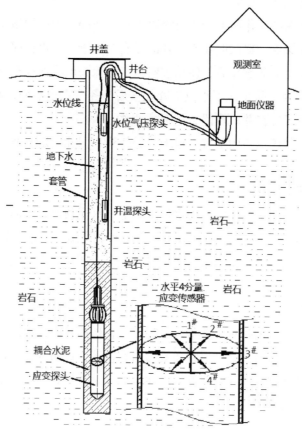

图 9.6.3　电缆线布设示意图

　　电缆自观测室墙角的小洞穿进室内，电缆在室外不得有裸露处。

　　砌一井口水泥台，其内部的边长或直径约 800 ~ 1000mm，高约 400mm，上方再置一可移动水泥盖板。

9.6.4　电缆接入

（1）钻孔应变探头电缆接入。

　　RZB 型分量式钻孔应变探头采用了井下集成技术，井下探头内置测量电路，通过 RS485 总线进行数据传输与控制。如图 9.6.4 所示，图中虚线部分为传感单元，传感信号输出到切换控制单元后选择性地接入到两路完全相同的测量电路中，再由测量电路调制采集后由 RS485 总线传输。两路测量电路完全相同，使用独立的电缆和元件，其中任意一路电路工作时，另一路掉电冷备份。测量电路

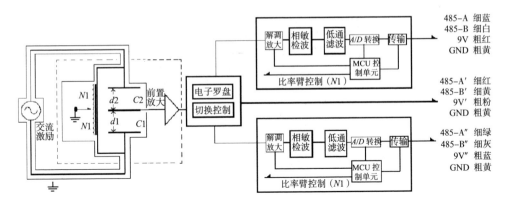

图 9.6.4　钻孔应变探头电缆示意图

的输出及控制等操作均通过 RS485 总线完成。切换控制单元和电子罗盘使用同一组电缆线，测量电路切换元件为磁保持继电器，因此除非进行切换操作或电子定向，平时这一单元不上电工作。

探头电缆线通过颜色和粗细区分各线的功能，电缆线定义如下：

主电路：粗红 ~ 9V；粗黄 ~ 地；细蓝 ~ A；细白 ~ B；

备用电路：粗粉 ~ 9V；粗黄 ~ 地；细绿 ~ A；细灰 ~ B；

定向电路：粗蓝 ~ 9V；粗黄 ~ 地；细红 ~ A；细黄 ~ B；

探头安装并完成定向及初始设置后，正常工作只需要 9V 电源、地、RS485-A、RS485-B 四根电缆线接入数据采集器。应变探头使用八芯航空插头接入数据采集器。航空插头接线定义为：1 针 ~ 9V，2 针 ~ 地，3 针 ~ RS485-B，4 针 ~ RS485-A。

（2）辅助观测探头电缆接入。

①水位和气压探头电缆接入。水位与气压传感器安装在同一探头内，其电缆线使用五芯导气管电缆。其导气管用于将地面大气压力传导到探头内。导气管必须保持畅通，而且为防止水气进入需要使用专用的防潮盒。

连接数据采集器的电缆为五芯无导气管电缆，将探头电缆和连接数采的电缆分别插入防潮盒内，按照电缆颜色同色相连，插线口螺旋密封后，使用干燥剂填充防潮盒，然后密封上盖。如图 9.6.5 所示。

水位气压探头为模拟输出，使用五芯航空插头与数据采集器连接。五芯航空插头及电缆线定义为：1 针 ~ +9V、红线；2 针 ~ 地、黑线；3 针 ~ –9V、黄线；4 针 ~ 水位信号线、蓝线；5 针 ~ 气压信号线、白线。

图 9.6.5 水位气压探头防潮盒实物图

②井温探头电缆接入。井温探头为模拟输出，使用四芯航空插头与数据采集器连接。航空插头及电缆线定义为：1 针 ~ +9V、红线；2 针 ~ 地、黄线；3 针 ~ –9V、白线；4 针 ~ 井温信号线、蓝线。

9.7 仪器功能与参数设置

9.7.1 WEB 网页参数设置

（1）欢迎界面。

数据采集器的所有设定及操作都可以通过网络完成。使用 IE 进入数据采集器 IP 地址后，进入欢迎界面。

（2）首页。

欢迎界面里点击鼠标进入仪器首页。首页中有钻孔应变测量系统的简要说明及图片。

（3）仪器指标。

点击进入"仪器指标"菜单，可见有关钻孔应变仪较为细致的说明和各项工作参数，性能指标等的说明。

（4）参数配置（图 9.7.1）。

点击进入"参数配置"菜单，可对数据采集器进行网络及台站信息设置。

（5）仪器安装（图 9.7.2）。

数据采集器是对主探头和辅助观测探头输出的电压值进行采集，然后按照一定的转换公式将电压值转换成应变、温度、水位、气压等物理量。"仪器安装"菜单就是对各测项进行相应的转换参数设置。

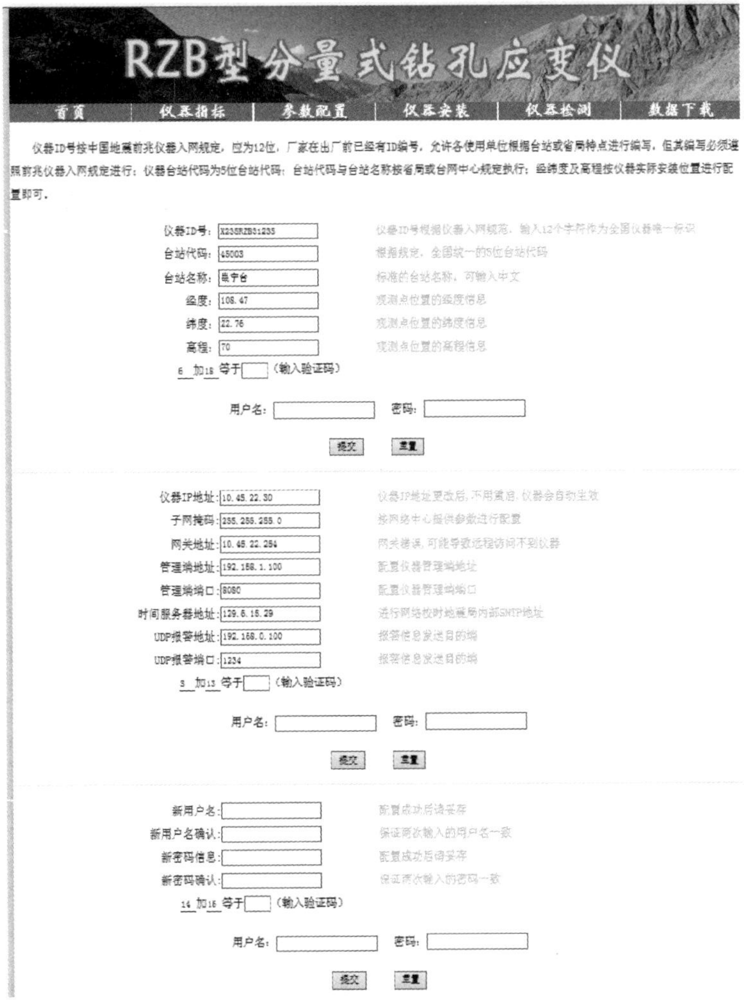

图 9.7.1　参数配置

首先进行主测项通道设置。RZB 型分量式钻孔应变仪共有 5 个应变传感器，即 5 个主测项，安装机械命名，1～4 号元件为水平 4 个应变元件，从上到下依次相差 45°顺时针排列；5 号元件为悬空元件，也称参考元件，不受力，悬空安装，仅作为对比参考使用。当应变探头安装完成后，安装人员会对 1 号元件进行定位，给出 1 号元件的方向值。根据 1 号元件的方向依次顺时针增加 45°便可得到 2～4 号元件的方向值。

对主测项进行设置中，测项名称：1～4 通道填写水平应变 0，5 通道填写应变参考 0；测项代码根据各通道方向填写，2321 为正南北，2322 为正东西，2323

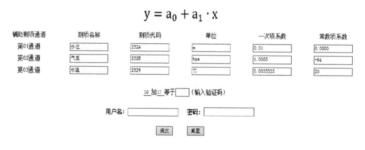

图 9.7.2　仪器安装

为北东，2324 为北西，2327 为 5 通道（参考元件）；单位填写"V"。

　　偏置栏是对限幅的测量通道进行直流偏置，即在该通道上叠加一个电压值，将测量电压拉回 ±4V 以内。偏置栏有效数字为 ±127，当电压正超限（此时数据采集器采出的电压值为 +4V），偏置栏应填写正值；当电压负超限（此时数据采集器采出的电压值为 −4V），偏置栏应填写负值。偏置电压与偏置值对应关系为：每一个偏置值对应约 0.15V。

　　初始值一栏填写"0"；灵敏度一栏由厂家根据传感器出厂测试给出。

　　主测项设置完成后，填写用户名、密码及校验码，点击提交，数据采集器会重启，并保存设置。此时若偏置栏的偏置值有正负变化（例如：由 3 变成 −24），则还需要手动断电重启才能完成设置；如偏置栏的偏置值无变化，或没有正负变化（例如：由 4 变成 35），则不需要进行手动断电重启。

RZB 型分量式钻孔应变仪数据采集器除了采集应变探头（主测项）的应变数据外，还要采集 3 个通道的辅助观测测项（温度、水位、气压）。三个辅助测项的设置如下：

1 ~ 3 通道的测项名称分别为水位、气压、温度；测项代码分别为 232A、232B、2329；单位分别为 m（米）、hpa（百帕）、℃（摄氏度）；一次项系数依次为 0.01、1.0000、0.0033333；常数项系数由厂家根据辅助探头出厂测试给出。

（6）仪器检测（图 9.7.3）。

点击进入"仪器检测"菜单用，共有三个状态栏，首先是仪器状态信息查询，填写用户名、密码，点击提交，网页即会显示当前采集的 5 秒数据，包含时钟及相关参数信息；第二栏为远程重启栏，填写用户名、密码，点击提交，数据采集器即关机重启；第三栏为远程对时，填写用户名、密码，点击提交，数据采集器将读取本地计算机时钟并做更改。

（7）数据下载（图 9.7.4）。

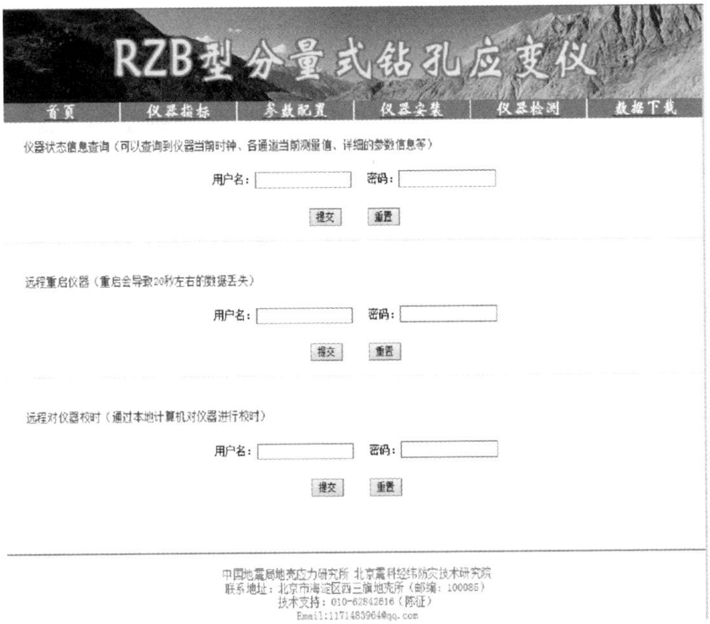

图 9.7.3　仪器检测

数据采集器在接入台网工作时，台网数据库会自动下载数据，可以手动使用数据库软件下载数据并入库，如果用户需要自己下载文本格式数据，则可以通过网页"数据下载"菜单完成。

图 9.7.4 数据下载

点击进入"数据下载"菜单，可见到三栏数据菜单，第一栏为"十五"格式文件；第二栏为秒钟值文件，第三栏为软件工作日志文件。用户可根据自己需求，点击右键下载。数据采集器可存储 100 天的数据，网页上只提供最近 15 天的数据链接，如果用户需要更多的数据可以使用 FTP 登录数据采集器进行下载。

9.7.2 FTP 文件传输

通过 FTP 方式，可以查看仪器的主要配置文件等。

（1）主程序文件（图 9.7.5）。

一般对系统进行升级时，更新该目录下文件即可。

（2）数据文件（图 9.7.6）。

该目录下主要存放数据文件，也可以用于批量数据的下载。

（3）主要参数文件（图 9.7.7）。

该文件夹下存放了网络参数文件、权限管理文件、辅助测项参数、主测项测

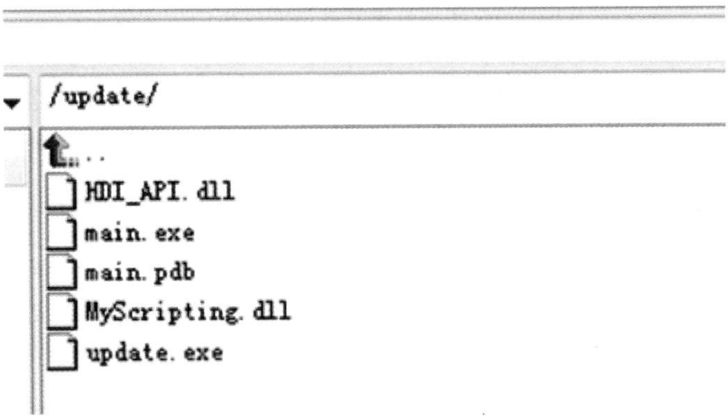

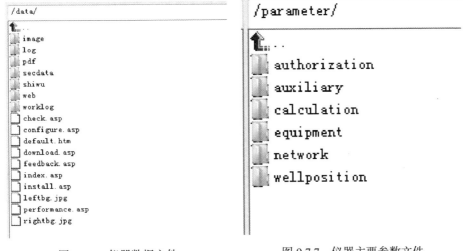

图 9.7.5 仪器主程序文件

图 9.7.6 仪器数据文件

图 9.7.7 仪器主要参数文件

量参数、仪器参数、台站信息等。

9.8 仪器标定

RZB 型四分量钻孔应变仪格值校准采用现场或远程标定来确定仪器的格值。应变探头内的各分量传感器自带的偏置调节系统，即可作为调零机构，同时也是格值标定部件。偏置调节系统采用电子标定的方式，在电容传感器上并联固定的微电容，等效产生一个微位移量，即灵敏度标定常数 d。灵敏度标定常数值由传感器出厂时实验确定。根据接入等效微位移量后系统的输出变化计算得到仪器格值。如表 9.8.1 所示。

表 9.8.1　RZB 型分量钻孔应变仪格值标定表

年　　月　　日

分量	原偏置值		标定偏置值	
	时间	原偏置下的输出电压值（V_1）	标定偏置下的输出电压值（V_2）	标定值 $u=(V_2-V_1)$
灵敏度标定常数 d（厂家给出）	格值 $S=d/u$			

　　实际标定中，按照上表填写，首先记录需要标定的元件号、原偏置值、标定时间及元件的输出电压值，然后在网页的偏置栏里将偏置值加 1，点击提交，数据采集器会自动重启，记录元件的输出电压，计算标定前后的电压变化量。最后，按照厂家给出的灵敏度标定常数和格值计算公式，得出标定格值。

　　名词解释：

　　偏置：将电路中某点输入一定的直流电压，使这一点上的电位从零电位点偏移至预定的电位点。

　　偏置值：钻孔应变仪的输出电压会随测到的应变值变大或变小，当输出电压超出观测范围（±4V）时，就需要在对输出电压加注偏置——即在传感器端并联一个微电容使得输出电压增高或降低到测量范围以内（±4V）。偏置值是仪器加注偏置时在数据采集中设置的参数。在数据采集器设定网页的测量参数表中。

　　原偏置值：在正常工作下数据采集器设定网页中测量参数表中的偏置值。

　　标定偏置值：在标定操作中更改后的偏置值。

　　偏置电压值：在加注偏置后的电压输出值。

　　灵敏度标定常数 d：由厂家出厂时测定给出。

9.9　常见故障及排除

　　本书编辑中，针对 RZB 仪器仪观测中的常见故障及维护维修信息进行了收集，与研制专家合作总结出分量钻孔应变仪常见故障排查方法一览表（表9.9.1），并将收集到的维修实例列于 9.10，供仪器观测维护故障甄别工作中参考使用。

表 9.9.1　RZB 分量钻孔应变仪常见故障及排查方法

序号	故障单元	现象	可能的原因	处理方式
1	供电单元	远程无法连接仪器	电源部分故障	更换供电模块
			电源无指示,检查各节点电压,数采电源故障	更换电源模块
2		前面板指示灯不亮	指示灯损坏	更换指示灯
			指示灯接插不牢	接牢接插件
3		曲线不光滑出现毛刺,噪声较大,出现较多锯齿状台阶	供电电源电压不稳或较低	检修或更换供电系统
4		测值为恒定值	供电电源电压较低	检修或更换供电系统
5		仪器正常显示屏不亮	显示屏开关钮损坏	更换开关钮
			显示屏供电电源损坏	检修直流电源
			显示屏损坏	更换显示屏
6	主机与数采单元	远程无法连接仪器	仪器控制板死机或损坏	重启仪器,如果无法启动则进行更换
			同期有雷雨天气,判定可能雷击故障	更换数采
			网线没有连接好	通过键盘鼠标和显示器等,检查仪器网络设置
			仪器 IP 地址有误	检查仪器网络设置
			网卡错误	等待片刻让系统自动修复;若不行,仪器复位,或更换网卡
7		曲线不光滑出现毛刺,噪声较大,出现较多锯齿状台阶	主机内部通道主板元器件老化或主机内部线路、拨码盘接触故障	检查维修或更换相应器件,重新焊接主机内部线路
			数采内部转换模块故障	检查维修数采
			主机和数采之间排线或接头故障	重新拔插接头或更换排线
8		测值为恒定值	主机故障或未工作	检查维修主机
			数采模块损坏	更换数采板,检查电源电路是否正常
			数采内部元件故障或未工作	检查维修数采
			主机和数采之间排线或接头故障	重新拔插接头或更换排线
9	传感器单元	测值为恒定值	仪器超量程	调整传感器参数

9.10 仪器维修实例

9.10.1 电源模块故障

（1）故障现象。

仪器无法正常启动。

（2）故障分析。

一般是电源部分原因，检查供电 12V DC-DC 模块，有输入电压，但无输出，确定该模块故障。

（3）维修方法及过程。

更换电源模块，仪器恢复正常。

9.10.2 电源模块故障

（1）故障现象。

2011 年 9 月 5 日巴南石龙台 RZB-2 钻孔应变仪各分量数据噪声变大，曲线变粗，固体潮汐不清晰。

（2）故障分析。

① 从观测数据上看，钻孔应变仪的各测项均出现台阶，但出现台阶后数据仍然有变化趋势，只是噪声变大，初步判断故障问题不太大。

② 观察主测项数据，不是单一的通道而是每个通道均出现同样的问题，故基本上可以排除主机拨码开关接触不良或内部线头接触不良的故障。

③ 排除主机故障后，主要故障点应放在数采和供电电源上面。数采方面主要考虑数模转换模块是否正常；在供电电源上主要观察电压不稳或者电压偏低造成仪器未能正常工作。

（3）维修方法及过程。

现场观察主机和数采的工作情况，发现指示灯均正常，两个仪器在工作。通过直观的观察后，未发现问题。

测量给数采和主机的供电电源后，发现电压在 5V 左右，未能达到供电的电压标准，供电电压较低。数采和主机在 5V 的电压下如果不重启，仪器仍然能工作，但不能正常工作。

更换供电电源后，供电电压恢复到 9V 左右后，仪器正常工作，数据曲线变光滑，潮汐清晰。

（4）经验与体会。

针对曲线不光滑、出现毛刺、噪声较大、出现较多锯齿状台阶但数据仍然有趋势现象的故障，如果不是对仪器太了解或维修经验不足，查找此类原因比较困难。因为造成此类故障的原因较多，需要在去台站之前认真分析故障原因，带好充足的工具和备用件，在台站检修期间做到冷静、思考，要有只要是问题就一定能解决的信心。

9.10.3　数采故障（数采雷击）

（1）故障现象。

2011 年 7 月 7 日 02:33 奉节红土台 RZB-2 钻孔应变仪各分量在同一时刻产生一个较大台阶，然后各主测项分量数据为恒定值不变，辅助测项测值为 0 且恒定不变，见图 9.10.1、图 9.10.2。

（2）故障分析。

① 从观测数据上看，钻孔应变仪的主测项和辅助测项均同时出现恒定值，大概可以排除井下主测项探头故障的可能性。

②通过远程操作，可以 ping 通数据采集器，说明数采仍然在工作，但不能保证是否正常工作，有可能数采里面的一个模块损坏也会导致数据错误为恒定值。

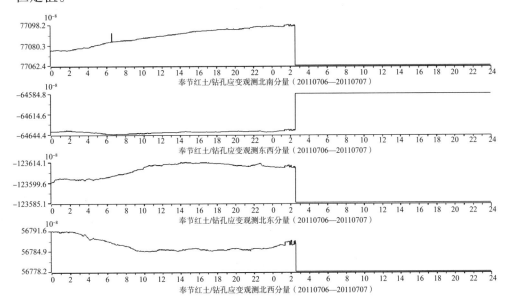

图 9.10.1　奉节红土台 RZB-2 钻孔应变仪主测项故障前曲线图

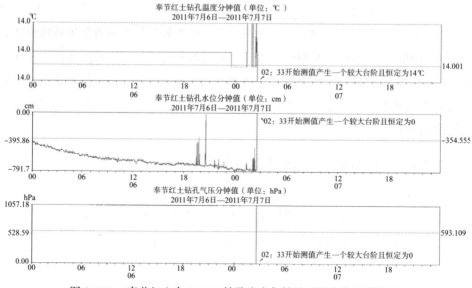

图 9.10.2　奉节红土台 RZB-2 钻孔应变仪辅助测项故障前曲线图

③ 根据电话联系台站看护后，了解到当地在 7 月 7 日晚上有较大的雷雨天气，可以判断出数采和（或）主机遭雷击故障的可能性较大。

（3）维修方法及过程。

现场观察，数采和主机面板上的工作指示灯都亮着，由此判断主机和数采在工作；用万用表对数采和主机的供电电源电压进行测量，供电电压在 9V 左右，所以供电电源也没问题。打开主机的液晶面板，发现测值不是恒定值，且正常，判断出主机没有故障。打开数采的数据显示面板后，发现各通道的测值和主机液晶面板不一致，由此判断出故障在于数采；卸下数采进行现场的检查维修，最终确定数采内的 *AD* 转换模块被雷击损坏，导致数据失真为恒定值。更换数采里面的 *AD* 转换模块后恢复正常。

（4）经验与体会。

由于 2011 年奉节红土台未做防雷改造，7 月、8 月正是重庆多雷电季节，所以钻孔应变仪遭雷击故障的可能性非常大。主机或数采遭雷击后，故障现象大部分都是恒定不变。所以当数据恒定或失真时，雷击故障是一个可能性很大的原因。

9.10.4　仪器超限（单测向走直线）

（1）故障现象。

仪器安装初期，数据漂移大，数据超限，曲线走直线。

（2）故障分析。

其他测道正常，系统应该正常，由于安装初期，数据漂移速率快，EW 分量超出仪器工作量程。

（3）维修方法及过程。

通过网页调整探头相关分量的偏置系数，故障一般可以得到解决。

参考文献

[1] 中华人民共和国国家质量监督检验总局，中国国家标准化管理委员会.地震台站观测环境
技术要求　第3部分：地壳形变观测：GB/T 19531.3—2004[S].北京：中国标准出版社，
2004.

[2] 中国地震局监测预报司.地形变测量 [M].北京：地震出版社：2009.

[3] 武汉地震科学仪器研究院.DSQ型水管倾斜仪安装使用说明 [Z].武汉：武汉地震科学仪器
研究院，2014.

[4] 武汉地震科学仪器研究院.VP型宽频带倾斜仪操作与使用说明书 [Z].武汉：武汉地震科学
仪器研究院，2009.

[5] 中国地震局地震预测研究所.SSQ-2I石英水平摆倾斜仪说明书 [Z].北京：中国地震局地震
预测研究所，2006.

[6] 中国地震局地球物理研究所仪器厂.SQ-70D数字化石英倾斜仪使用说明书 [Z].北京：中国
地震局地球物理研究所仪器厂，2006.

[7] 河南省地震局.CZB-1/2/3型竖直摆钻孔倾斜仪 [Z].郑州：河南省地震局，2001.

[8] 武汉地震科学仪器研究院.SS-Y型伸缩说明书 [Z].武汉：武汉地震科学仪器研究院，2014.

[9] 北京震苑迪安防灾技术研究中心.TJ-2体应变仪器使用说明书 [Z].北京：北京震苑迪安防
灾技术研究中心，2007.

[10] 中国地震局地壳应力研究所.RZB型分量式钻孔应变仪器使用说明书 [Z].北京：中国地震
局地壳应力研究所，2013.

[11] 陈希有.电路理论基础 [M].北京：高等教育出版社，2004.

[12] 刘祖刚.模拟电子电路原理与设计基础 [M].北京：机械工业出版社，2012.

[13] 阎石，王红.数字电子技术基础 [M].北京：高等教育出版社，2011.

[14] 席立峰.肃南地震台水管倾斜观测干扰的分析 [J].高原地震，2017，29（1）：66-69.

[15] 杨绍富，苏萍，徐长银，等.库尔勒台水管倾斜观测资料质量分析 [J].内陆地震，2017，
31（1）：82-86.

[16] 冯琼松，李思瑶，陈强，等.昆明地震台水管倾斜仪异常核实 [J].国际地震动态，2016，8：
11-15.

[17] 赵永志，康详伟.朝阳地震台数字形变观测仪器故障特征分析 [J].防灾减灾学报，2015，
31（3）：101-104.

[18] 延海军．银川台水管仪 N 端记录无潮汐故障原因分析 [J].防灾减灾学报，2012，28（4）：68–71.

[19] 陈耿琦，于天龙，尹传兵．DSQ 型水管倾斜仪安装中的一些技术问题 [J].大地测量与地球动力学，2007，27（专刊）：153–155.

[20] 马武刚，吴艳霞，胡国庆．VP 型宽频带潮汐观测仪的研制 [J].地震工程学报，2015,37（3）：873–877.

[21] 张晓刚，马栋，马广庆，等．减少 VS 型垂直摆倾斜仪调零频次的技术措施分析 [J].地震工程学报，2016，38（增刊 1）：170–174.

[22] 郑永通，张华，杨佩琴，等．垂直摆倾斜仪干扰原因分析 [J].华南地震，2015，35（2）：100–105.

[23] 马武刚，卢海燕，胡国庆，等．VP 型垂直摆倾斜仪校准装置的设计 [J].大地测量与地球动力学，2012，32（4）：152–155.

[24] 卢双苓，于庆民，赵小贺，等．形变数字化仪器故障分析 [J].高原地震，2012，24（2）：55–60+65.

[25] 李明，刘可，罗俊秋，等．VS 垂直摆倾斜仪常见异常现象的判断及维护 [J].大地测量与地球动力学，2011，31（增刊）：178–181.

[26] 刘其寿，杨佩琴，张年明，等．龙岩台 VS 型垂直摆倾斜仪常见故障分析 [J].华南地震，2010，30（3）：81–85.

[27] 郭宇，高午原，刘俊芳，等．山西定襄地震台 SSQ-2I 水平摆倾斜仪试记期间资料分析与故障排除 [J].山西地震，2015，1：13–16.

[28] 王新刚，王绍然．SQ-70D 石英水平摆倾斜仪的日常维护及常见故障排除 [J].山西地震，2013，2：35–38.

[29] 马鸿钧，孟保成．一种测量地壳微形变的竖直摆倾斜传感器 [J].传感器技术,1998,17（6）：36–38+41.

[30] 周冠强，赵祖虎，李海峰，等．荥阳形变台伸缩仪维护经验和干扰分析 [J].四川地震，2015，2：36–39.

[31] 朱石军，赵帅，马广庆，等．伸缩仪标定故障解决实例 [J].地震地磁观测与研究，2014，35（3/4）：225–228.

[32] 杨江，徐春阳，吴涛，等．SS-Y 伸缩仪新型标定装置的研制 [J].大地测量与地球动力学，2010，30（5）：153–155.

[33] 徐春阳，杨江，张双凤．SS-Y 型伸缩仪安装中应注意的问题 [J].大地测量与地球动力学，2009，29（增刊）：138–140.

[34] 刘水莲，陈美梅，全建军．永安台钻孔体应变干扰与故障现象的探讨与总结 [J].华南地震，2015，35（3）：46–53.